JN274516

破壊者のトラウマ

原爆科学者とパイロットの数奇な運命

小坂洋右

未來社

破壊者のトラウマ——原爆科学者とパイロットの数奇な運命★目次

破壊者のトラウマ――原爆科学者とパイロットの数奇な運命

第2部　原爆開発学者、ジョージ・プライス

破壊者のトラウマ——原爆科学者とパイロットの数奇な運命

装幀——伊勢功治

序

1

その苦しみの大きさを、覚悟の末に迎えた死のありさまが物語っていた。

博士の遺体が発見されたのは一九七五年の一月六日。リノリウムの床の上で冷たくなっていた遺体の傍らには、爪切り鋏《ばさみ》が転がっていた。その鋏で頸動脈《けいどうみゃく》を掻《か》き切っていた。

場所はロンドン市内。ユーストン駅にほど近いトルマーズ・スクエアの廃屋である。

部屋の窓には茶色の紙がべたべたと何枚も張られ、外からの光を遮っていた。昼間でも薄暗いというのに、明かりといえば裸電球が一つ、天井から下がっているだけである。窓に紙を貼っていたのは、投げつけられた石で空いた穴という穴をふさぐためのようだった。が、ひび割れた場所に砕け散ったガラスを拾ってあてがい、それもまた紙で貼り付けている様子は、何とも痛ましかった。

警察から立ち会いのために呼ばれたウィリアム・D・ハミルトン博士[★1]は、言葉を失い、入口に立ちすくんだ。博士は、自殺を遂げたプライス博士とは、研究の枠を超えた付き合いをしてきた英国人生物学者である。

何もかもが静まりかえっていた。ただし、静謐《せいひつ》と表現するには違和感がある。広く、がらんとした部屋には、むしろ空疎という言葉がぴったりくるほどに、生活の匂いがなかった。床に敷かれたマットレス、テーブル、そして一脚の椅子。家具らしいものといえば、たったそれだけである。ベッドはない。持ち物として残されていたものは、若干の衣類とマルセル・プルーストの本二冊、そしてタイプライターだけだった。論文の類《たぐい》は安物のスーツケースと数個の紙箱に詰められ、一部は箱の上に散乱していた。★2

2

ジョージ・プライス博士。アメリカ人。享年五十二歳。科学誌の最高峰『ネイチャー』に次々論文を発表し、前歴を知らない人たちからは生物学者と見られがちだった。だが、本業は化学である。そして、アメリカの原爆開発「マンハッタン計画」に参加した過去があった。長崎に投下されたプルトニウム爆弾を、シカゴ大学で開発した研究者の一人である。

3

原子爆弾の威力のすさまじさを示すデータはそれこそいくつもある。一九四五年末まで、広島、長崎合わせた死者の数が二二万人。一個の爆弾で、街が一つ、丸ごと消滅した。一〇〇万度に達した中心温度。三〇〇〇度から四〇〇〇度に上昇した地表温度。秒速四四〇メートルもの強烈な爆風……。

爆心地で一平方メートル当たり三五トンという圧力は、建物をなぎ倒し、広島では五万軒以上が全壊ないし全焼した。生き延びた人々にも、浴びせられた放射線が障害を及ぼし、一生涯続く後遺症をもたらした。従来使われてきた高性能爆薬ＴＮＴの重さに換算すると、広島原爆が十五キロトン、長崎原爆が二一キロトンだったとされる。日常の重量単位「キログラム」に直すと、後ろにゼロが六つ付く数字である。

これら桁外れの数字の数々をみれば、「原子爆弾」は我々の想像を絶するとんでもない怪物ということになる。その新型爆弾の誕生は、まさに戦争の本質を変えたと言っていい。

原爆の威力を知らしめるエピソードが、実はもう一つある。これまた、原爆が戦争の本質を変えてしまったことの証左でもある。もしかしたら、これまで見過ごされてきたのかもしれないそのことが、これから語られる物語だ。

原爆投下にかかわったパイロットの中に、あるいは原爆の開発にかかわった科学者の中に、精神の変調や神経の逸脱をきたす者が現れた……。

通常は、攻撃する側よりも、攻撃を受け、犠牲になった側の方が精神的なダメージが大きいに決まっている。あるいは攻撃した側に全くといっていいほどダメージがない場合すらある。ところが、こと原爆の場合、「攻撃する側」にもまた、精神的打撃を受け、神経を冒される者が出てきた。あまりの破壊力、被害の甚大さ、被爆地の悲惨さに、つくり出した側、投下した側もまた、通常の神経を保ってはいられなくなったのだ。

自分たちが生み出したはずのものが、はね返って作り手側をおののかせ、恐怖のどん底に陥れる……。原爆がこれまでつくり出された兵器と決定的に異なる点が、ここに象徴されてある。それほど、原子爆弾の出現は、根本的なところから次元の異なる未曾有の事態だったのだ。となるとそれは、軍事史の上だけでなく、人類の精神史の上でも、我々がかつて経験したことのない衝撃をもたらした出来事として記録されるべきなのではなかろうか。

4

広島へと原爆を運ぶB–29の先導機に乗り込んだパイロット、クロード・イーザリー少佐は、それまでは陽気でポーカー好きなテキサス人だった。

ところが、原爆がもたらした広島の惨状を知り、核実験のデータ収集のため原爆が爆発する瞬間をその目で見た後、苦痛に顔を歪める被爆者に夜ごと夢で苦しめられるようになった。眠るとうなされ、汗びっしょりで跳ね起きると、こんどは寝つくことができない。トルーマン大統領が水爆の開発にゴーサインを出した一九五〇年に睡眠剤を大量に飲んで最初の自殺を図り、ついには心の病《やまい》に罹《かか》った退役軍人を入れる精神病院に収容されることになる。その後も二度目の自殺未遂、強盗、刑務所送りと、わざわざ不幸を選ぶかのような破滅の人生を歩んだ。

元軍人でありながら、彼は「原爆投下は誤りだった」とはっきり口にした。「自分には（被爆者に対する）責任がある」とも認めた。そればかりでなく、彼は「自分を罰するために、刑務所に入れられるようなまねをした」とまで語った。

もしもこのような状況が、この軍人一人に限ったことだったならば、「特異な人物がいた」のひと言で片づけられても仕方がない。しかし、自傷の衝動に駆り立てられていった人物は、原爆を開発した科学者の中にもいたのである。

それがロンドン市内の廃屋で自殺を遂げた、先ほどのジョージ・プライス博士だったのである。博士は原爆投下後も研究者として大学にとどまったが、ソ連が大陸間弾道ミサイル（ＩＣＢＭ）を開発しようとした一九五六年に突如、職を投げ打って、ジャーナリストになるべく郷里ニューヨークに舞い戻った。そして、全面核戦争を防ぐための訴えを、ペンの力で試み始めたのだった。

しかし、書いても書いても本にしてくれる出版社は現れない。挫折感にまみれ、ついには祖国を去って英国に移住し、専門を化学から生物学に鞍替えして、生命進化の視点から攻撃性の問題などを論じ始める。最後には「動物はいかにして破滅的な衝突を避けているのか」の解明に近づいた。が、志半ばにして突然の自殺を遂げた。

「動物はいかにして破滅的な衝突を避けているのか」の問題設定は、人間に置き換えれば、「人類は果たして、決定的な米ソ対立、破滅的な核戦争を回避できるのだろうか」という悲愴《ひそう》な課題とパラレルである。つまりは、博士は死の間際まで、核の問題を引きずっていたようなのだ。

5

自殺を遂げた場所がなぜ、廃屋の中だったのか——。

プライス博士はもともとは、神の存在を信じない頑強な無神論者であった。ところが英国滞在中、まるで人が違ってしまったかのように神を信じ始め、宗教にとことんのめり込んだ。それは一九七〇年、博士四十七歳の出来事であった。むろん、神を信じた科学者が過去にいなかったわけではない。だが、プライス博士の場合、信仰へののめり込み方からその表現の仕方までが、常人のそれとは異なっていた。

イエス・キリストが説いた絶対的で無条件な無私の精神を、神に仕えるための究極の目標と定め、博士はそれを忠実に実践した。浮浪者やアル中患者、その他のあらゆる弱者には、救いの手が差し伸べられなければならなかった。だから、浮浪者を見つけては金を惜しみなく与え、自分の持ち物さえもくれてやることを厭わなかった。

「説教の中で、『私はふつうの職に就き、ふつうの家に住み、ふつうの服装をして、ふつうの稼ぎがある』というようなことを言ったことがありました。当時も、いつの日かこうしたことを変えなければならないと薄々感じていましたが、本当にはわかっていなかったのです。希望的な考えから、そうしたことが現実にわが身に起こるとは想像していなかったのです。あるいは少なくとも、本で読む『信仰に生きた』宣教師などのように極端なことにはならないだろうと考えていたのでした。

　そうした話ではいつも、災難が降りかかると、救いの小切手が最後の最後には届きます。私が楽天的に算出したところでは、窮地を乗り切るためには九月二〇日ころに救済の手が差し伸べられなければならないはずでした。しかし、神の考える『災い』は私が考えたものと基準が違っていたようです。さらに付け加えるならば、神の基準の方がより正確だったようで、それから一ヵ月経とうとしているのに私には食べ物も他の必需品もあり、必要な勘定も支払い済みなのです。

　しかしこれもいつまで続くかわかりません。うれしいことに今私の所持金はちょうど十五ペンス〔約一三〇円〕になり、英国の滞在許可証の期限も一ヵ月を切ろうとしています。このようなわけで、私は神が定義する災いの基準が、近い日に満たされると自分に言い聞かせて安心しようとしています。そしてその十五ペンスがなくなる日を待ち望んでいます[★3]」。

　英国の理論生物学者ジョン・メイナード＝スミス博士[★4]は、共同研究者でもあったプライス博士から届いた手紙に、ぞっとしないではいられなかった。手紙の中身が事実だとすれば、とても尋常な精神状態とは思えない。しかし、それは本当に事実だったのだ。

博士は英国で、奉仕と喜捨に異常なほどにのめり込んだ。しかし、施しを受けた相手の中には、感謝でこたえず、逆に彼の持ち物を盗み、したい放題に振る舞う者も現れる。居心地のよいフラット〔アパート〕を手放さざるを得なくなると、プライス博士はついには研究所の床で寝起きするありさまとなった。

しかし、それさえも長くは続けられなかった。援助の過程であらぬ反感を買ってしまったアル中男にしつこくつきまとわれるようになり、挙げ句の果てに、研究所の外から怒鳴り散らされるようになると、ついには研究所を出てどこかとにかく雨露をしのげるところを探さなくてはならなくなった。それが、自殺を遂げることになるトルマーズ・スクエアの廃屋だったのだ。

聖書の言葉を字づら通り、完全、完璧に実践する。それはどんな人であろうともとうてい不可能なことである。だが、それを本当に実行しようとした人物がいたのである。しかもそれは、一度ならず『ネイチャー』に名を連ねた気鋭の科学者だった。見方によっては狂気じみているとしか思えない「原理主義的行動」を、博士は何のためらいもなく実行に移すことができた。そして、そのことで背負うことになった苦しみさえも、むしろ喜んで受け入れたのだ。

6

原爆投下と原爆開発。そのそれぞれにかかわったクロード・イーザリー少佐とジョージ・プライス博士。自分の持ち物をすべて貧しい人たちに投げ打ち、自身がホームレスになることも厭わなかったのがプライス博士なら、わざと罪を犯し、刑務所に入ることで自分を罰しようとしたのがイーザリー少佐だった。二人はそれぞれ異なる資質を持ち、異なる世界で生きたが、「自分を追いつめ、重たいものを課す」という点で、共通するものが、どこかにあるように思える。

若いころのプライス博士は、典型的なエリートの風貌で当時の写真に収まっている。スラックスにネクタイ姿。髪にはきっちり分け目を入れ、丹念になでつけている。広い額、めがねの奥の理知的な眼、白いつるつるした顔は、気概と自信にあふれている。だが、晩年の写真はずっと重苦しい。髪こそ分けているが、黒く太いフレームのめがねの奥から、厳しい目がこちらを凝視している。この人物を晩年、変わり果てた姿にした元凶は何だったか。原爆開発に携わったことも絡んでいたのか。

短い髪、鋭い目、細く結ばれた口元。白黒写真に収まったクロード・イーザリーの方は、精悍《せいかん》な顔立ちで何かをじっと見つめている。シャツをラフに着た男の肌はざらつき、過酷な訓練と人生の浮き沈みをそのまま刻み込んだかのようだ。

戦争の悲劇は戦場で殺された人々とその周辺だけにあるのではない。生き残った者たち、加害の側にも、長く続く苦しみの日々が待っているのではなかろうか。そのことを、我々は一九四五年八月の原爆投下で知ったと言えるのかもしれないのだ。

第1部

原爆パイロット、
クロード・イーザリー

AP/WWP

第1章　三発目の原爆を落とすはずの男（一九四〇—一九四五）

1

夜が明け始めた。そろそろ硫黄島上空に到達するはずだ。三時間で六二二マイル（約一〇〇〇キロ）近い距離を飛んだことになる。マリアナ諸島テニアン島の空軍基地を離陸したのが深夜の午前一時三七分（日本時間同零時三七分）。予定より七分遅れで発進した気象偵察機「ストレート・フラッシュ」は、最初の針路を硫黄島に取った。機体は戦略爆撃機B－29である。機長を務めるクロード・イーザリー少佐の目は、真っ暗な空に散らばる無数の星を見ていた。星の下には雲が漂っている。

「ストレート・フラッシュ」の最終目的地は広島である。テニアン島を同時に飛び立ったジョン・ウィルソン機長の「ジャビット三世」は小倉を、そしてラルフ・テイラーが機長を務める「フル・ハウス」は長崎を目指していた。

それぞれの偵察機が、それぞれの候補地の気象を報告する。一時間遅れで日本に向けて飛び立つ原爆搭載機B－29「エノラ・ゲイ」は、その報告を聞いたうえで、どの街に原爆を投下するかの最終判断を行なう手はずになっていた。

硫黄島からは徐々に高度を上げる。予定高度は三〇〇〇〇フィート〔約九一五〇メートル〕である。日本の海岸線は敷き詰められた雲の下だった。何も見えない。広島まで五〇マイル〔八〇キロ〕に近づいた時点でもまだ雲は切れなかった。しかし、レーダーが映し出す前方の地形は、まさしく広島に間違いない。

日本時間の午前七時九分、「ストレート・フラッシュ」が予定の進入点に差し掛かると同時に、広島市内に空襲警報のサイレンが鳴り渡った。爆撃の照準点とされた相生橋にあと十六マイル〔約二六キロ〕まで迫っている。時速二三五マイル〔約三八〇キロ〕で飛んでいるから、照準点に到達するまであと四分を残すばかりだ。高度三二〇〇〇フィート、針路二六五度を守りながら、イーザリー少佐は目を凝らして雲の切れ目を探した。

突然、目の前に大きな切れ目が見えた。切れ目は広島のちょうど真上にあり、ほとんど手つかずの街並みがその切れ目を通してはっきりと見える。「雲は十分の四。目標を見ることは可能」。イーザリーは広島上空を横断し、市街の外れでもう一度引き返して、先ほどの雲の切れ目がそのままかどうかを確かめるための二度目の横断を図った。イーザリーの胸に「見ろ、彼ら〔日本人〕がパール・ハーバーで何をやったか」という思いがこみ上げてきた。★1

雲の切れ目は直径がほぼ一〇マイル〔十六キロ〕あった。そのぽっかり空いた穴を通して、光の柱が下界を照らしている。

2

「雲量、全高度を通じ十分の三以下。第一目標〔広島〕の爆撃を勧める」

「ストレート・フラッシュ」からの暗号電文が「エノラ・ゲイ」に飛んだ。電文はすぐさま機長のポール・ティベッツ大佐に回された。

ティベッツの決断は速かった。インターコム（内部通話装置）をオンにすると、短く言った。

「広島だ」

他の二機の偵察機もやや遅れて候補地が晴天であることを伝えてきたが、ティベッツはその電文をそのままポケットに突っ込んだ。

午前八時十四分。投下一分前。時速二〇〇マイル〔三二〇キロ〕でごうごうと飛び続ける「エノラ・ゲイ」の機中に、インターコムを通してティベッツの声が響いた。

「眼鏡をかけろ」

爆撃手のトム・フィリビーがファインダーの中に広島市が入り出したことを伝えた。

再びティベッツの声が響いた。

「旋回用意」

ついに照準点の相生橋が照準器の十字線の中心に入ろうとしていた。

フィリビーは信号音のスイッチを入れた。ピッピッピッという低い連続音が鳴り出した。

八時十五分十七秒。爆弾倉の扉が開いた。長さ三メートル、重さ四トンのウラニウム爆弾は掛け金を離れ、落下を始めた。

あと四〇秒ほどで爆発する。「エノラ・ゲイ」は急旋回を始め、乗員たちは激しい圧迫で身動きができないまま、一人が秒を数え始めた。

四〇、四一、四二。四五を数えた時、爆弾の点火装置が地上一八九〇フィート〔五七六メートル〕で作動した。

3

中心温度一〇〇万度の火の玉がたちまちのうちに膨らみ、広島上空の温度が三〇〇〇度まで達した時、偵察機「ストレート・フラッシュ」の方は機首をテニアン島に向け、広島から一五〇マイル〔二四〇キロ〕以上離れた地点を飛行していた。人々が吹き飛ばされ、焼かれ、建物が跡形もなく消え去る中、イーザリーらの頭にあったのは、午後、いつものように将校クラブで開かれるポーカー・ゲームのことだった。

ところが、広島に向かう「エノラ・ゲイ」とすれ違う前、どういう拍子か、「ストレート・フラッシュ」の中では「爆発の模様を見ないか」という声が挙がった。「ここで旋回しながらティベッツたちを待っていて、彼らが通過したら後を追って広島に引き返すんだ」

彼らは任務後、まっすぐテニアンに帰還する厳命を受けていた。だから、すかさず反対の声が挙がるのももっともなことだった。それでも、「もしティベッツたちが吹き飛ばされたら、おれたちがその場にいて、起こったことを報告しなくてはいけない」という賛成意見もあり、引き返す案はあっという間に大論戦に発展した。そのうちに、じりじりして、「おいみんな、よく聞け。テニアン島へ二時までに帰らないと、午後のポーカーに間に合わないぞ」と発言する声があった。それでも場は収まらなかったが、最後は「たった一発の爆弾が落ちるのを引き返して見ても、たいして面白くもあるまいし、それだけの時間をかける余裕はない」というところに落ち着いた。

「そりゃ、大きい爆弾かもしれないけど、三〇〇〇〇フィートの上空からいったい何を見ることができるかね」

彼らには、その程度の認識しかなかった。★2 他のクルー同様、イーザリーにとっても原爆は「たった一発の爆弾」にすぎなかった。少なくとも一九四五年八月六日の時点では……。

4

パイロットとして群を抜く能力を持っていたイーザリーが、原爆を投下する特別任務の一員に選ばれたのは、振り返ってみれば、一九四〇年に二十二歳で空軍に入隊した時点で決まっていたともいえる。

一九一八年十月二日、米テキサス州生まれのイーザリーは、三男三女、六人兄弟の末っ子だった。高校を中退したあと、一時期、農場で働いたが、気が変わって教員養成の大学に入った。それも断念すると、一九四〇年の年の暮れにテキサス州ダラスで入隊する。

日本との戦争が始まった一九四一年は、カリブ海で潜水艦の哨戒任務に就き、イタリア系の女性コンセッタ・マルゲッティと結婚した四三年には、原爆開発の拠点のひとつだったニューメキシコ州アラモゴルドに異動の命を受ける。長男が誕生した四四年には、空の要塞B－29の特別訓練に抜擢された。一九四四年九月、ティベッツ大佐の目に留まり、ユタ州のウェンドーヴァー空軍基地に集められた第五〇九混成部隊の隊員の一人として、「君たちがこの戦争を終わらせるのだ」と告げられる。最高機密の高性能爆弾を扱う任務が彼らに課せられた。

B－29での訓練の要《かなめ》はまず、パンプキンと呼ばれた原爆模擬弾をいかに確実に三〇〇〇〇フィートの上空から投下するかであった。砂漠に設けられた五〇〇フィート〔一五二メートル〕の円の枠内に三分の二の確率で落下させる正確さが求められる。もう一つの要は、急旋回による爆心地からの脱出だった。二八秒以内に傾斜角《バンク》六〇％以上で一六〇度転回する飛行技術を体得する必要があった。ギャンブル好きでポーカーの稼ぎ手、ふだんは楽天的だが、いざとなると冷静沈着で、判断も的確なイーザリーは、訓練で優秀な成績を収め、クルーの信任もそれについてきた。

ヨーロッパ戦線ではドレスデンなどドイツの都市に無差別空爆が敢行され、日本に対しても東京など各都市への空爆が行なわれていた。イーザリーにも四五年七月十九日、東京への初めての出撃命令が下った。

特別訓練をパスしたパイロットは全部で十五人いた。しかし、新型爆弾は一つか、あっても二、三個しかないはずだった。最初の原爆は全体を統括するティベッツ自身が投下することになりそうな情勢だった。ティベッツを除けば、トップに挙げられていたパイロットはチャールズ・スイーニー少佐で、彼はティベッツ大佐のお気に入りでもある。イーザリーの心の中にはもちろん、最初の原爆を投下する栄誉に浴したい欲求がないわけではなかった。だが、最初の原爆投下は、予想通り彼のもとには来なかった。二発目は、やはりスイーニーに命が下った。「日本を降伏させるためには五発の原爆が必要だ」と考えていたティベッツは「三発目はイーザリーに」と話していた。[★3] それはイーザリーの期待にもかなうことであった。もしも三発目が本当に投下されるならば、彼は喜んで任務に応じただろう。ただし、それが実際にあったとしての話であるが……。

だが、二発目の原爆が投下された時点で、戦争の行方はすでに決していた。日本は戦争の終結を急ぎ始めていた。

第2章　核実験での被曝（一九四五—一九四八）

1

順番としては、三番目。もしも次の原爆が近いうちに準備され、実際に出撃が必要と判断されたとしたらその任を負うかもしれなかったクロード・イーザリーの三発目は、幻のまま終わった。八月六日の広島原爆、九日の長崎原爆のあと、一週間で日本は無条件降伏を決め、戦争が終わったのだ。

イーザリーも確かに広島に飛び、ミッションに参加した機長の一人ではあった。が、なんと言っても原爆を投下した国民的英雄は、ポール・ティベッツ大佐その人をおいて他にいない。

広島が焼き尽くされた夜、テニアン島では祝賀気分で報告会が開かれ、机の上にバーボンが並べられた。混成第五〇九部隊の隊員たちはポーカーに興じた。だが、「スキッパー〔イーザリーの愛称〕は落ち込んでいた。我々全員が同じ危険を冒したのだから、同じに報いられるべきだったのに……」★1。同僚から見て、イーザリーは明らかに元気をなくしていた。

それは原爆の投下に関わることで多くの人を殺したからではない。ティベッツと同じひな壇に立てなかったことからくる悔しさゆえのことだった。

2

何隻もの巨大な船がぐいっと持ち上がり、空中に押し上げられた。まるで片手いっぱいに握りしめた小石をぽいと投げ上げたようだった。

一九四六年七月一日、アメリカはビキニ環礁で原爆実験を行った。この時、データの採取に駆り出されたのがイーザリーだった。戦後、除隊した仲間もいたが、イーザリーは空軍に残ることを決めていた。

「まぶしい……ものすごい輝きだ。想像できるあらゆる色がそこにある――」。原爆搭載機から八マイルの距離を守って一緒に飛んでいたイーザリーの目は、核爆発の瞬間、眼下のすさまじい光景に釘付けになった。爆発は、一瞬、王冠のように見えた。光の冠が現れ、ついでしぶきと煙に包まれた。威力を確かめるために浮かべてあった九隻の船が波間に姿を消した。

夜になると、今度は原子雲の中からのサンプル集めが課せられた。飛行上の危険ばかりでなく、放射線を浴びる懸念も含まれた任務には、やはり第五〇九混成部隊からB‐29二機分のクルーが選ばれた。イーザリーたちは機体に特殊な装置を取り付け、午後八時半にマーシャル諸島クワジャレーンの基地を飛び立った。

月も出ていない暗闇の中、二機は計器飛行で二〇〇マイル〔三二〇キロ〕先の爆心地を目指す。捜索を始めて三時間、イーザリーらの方が先に原子雲の広がりを見つけた。キノコ雲が上がって十三時間しか経っていない。二五〇〇〇フィート〔七六二〇メートル〕の上空でガイガーカウンターが鳴り出した。機体は既に広がった原子雲のただ中に入っている。イーザリーは相方の機長アラン・ロウレット少佐に無線で自分たちの位置を知らせた。

乗員は全員が全員、放射線防護のための装備を身につけていなかった。機長のイーザリーがまず、つけるのをいやがった。

ガイガーカウンターの反応がものすごく、クルーの一人はたまらず叫んだ。「こんなにうるさいのは生まれて初めてだ。何とかここから脱出しなくては」。だが、どちらに進んでも抜け出すことができない。九〇度方向に旋回しても、さらにまた九〇度旋回しても、同じだった。十五分間はそうやって無為に過ぎた。

見ると被曝量を示すバッジの色が変わっていた。最初は白かったはずなのに紫になっている。それは、相当量の被曝を意味していた。[★2]

基地に戻ると、全員が体を洗い流された。B－29の機体も放射線を浴びていることが確認された。乗員たちはガイガーカウンターが備え付けられた部屋に寝かされて、検査を受けた。冗談めかして「おれたち、子供が作れない体になったんじゃないか」と言い合ったが、恐れを知らないイーザリーは、何も気にしていない様子だった。[★3]

UP通信はこの翌日、原爆実験でデータを集めたB－29二機が被曝したことを伝える記事を配信した。だが、記事の眼目は機体の方にあった。「両機はあまりにひどい放射線を浴びたので、空軍は着陸当初、スクラップにするしかないと考えたが、その後、思い直して、洗い落とせると確信している……」。乗組員の被曝や健康状態に特段の記述はなく、空軍もそちらの方には口をつぐんだ。

3

二週間後、イーザリーは母親の危篤を知らされた。テキサス州の実家に戻り、死の床にある母親の手を握っていると、傍らに聖書が開かれてあるのが目に留まった。一家はイーザリーがまだ幼いころからバプテスト派の教会に通っていた。開かれていたページに、旧約聖書「出エジプト記」第二十章、「十戒」の部分があった。聖書の文字を目で追っていくと、「殺してはならない」という言葉が飛び込んできた。「殺してはならない――」。なぜかこの時、イーザリーはこの一文から目をそむけることができなかった。

その時、イーザリーは初めて自分が何をしたのか、悟ったような気持ちになった。★4 原爆実験で、目の当たりにした原爆の威力が忘れられなかった。あの衝撃波。げんこつで思い切り殴りつけたような水しぶき。横にはじき飛ばされたB－29は、まるで木の葉のようだった……。

人類はなんと畏るべき力をもてあそんでいるのか――。イーザリーは、そんなことを考え始めた自分を見つけた。もしも二、三発の原爆がアメリカに落とされたら――。そんな想像もわき上がってきた。もしも次の原爆がアメリカに向けられたら――。それは、今までアメリカが直面したことのない結果をもたらすのではあるまいか……。[★5]

イーザリーの心の中に、これまでとは違う何かが、頭をもたげてきた。

4

いったいどの要素が一番に強かったのかは分からない。イーザリーはこの時期を境に人が変わったように見えた。深酒に浸るようにもなった。

原爆投下のミッションで味わった挫折感。母の死。そして、原爆の威力を見せつけられた核実験。一九四七年、イーザリーは退役を決意した。

ところが、退役直後、イーザリーをさらに苦しめる出来事が起こる。この年、妻コンセッタの体に宿ったはずの新たな命が、あえなく流産してしまったのである。コンセッタは翌年も妊娠したが、この子もこの世の光を見ることなく死んだ。

「おれたち、子供が作れない体になったかもしれないな」。仲間内で交わした原爆実験でのジョークが、ジョークとは思えなくなった。イーザリーはひどく狼狽して、ヒューストンに個人医を訪ね、検査を受けた。

「僕はあの原子雲の中での体験の後、何カ月もの間、子供が作れなくなっていた。精子に欠陥が生じ、その結果、妻は二度にわたって流産した。でも、政府はこのことについて何も言ってくれない。……我々は広島の後で生まれた小さな怪物〔肢体の不自由な子ども〕のことを知っている。このような子供をこの世に生み出すなんて、なんと恐ろしいことだろう。医者たちはビキニの後、僕に言った。大丈夫だ、と。でも、彼らは本当に分かっていたのだろうか。医者からは『とにかく子供を作ることをあきらめちゃいけない』と何度も言われた。『たぶん自然と良くなるだろうから』って」[★6]

　イーザリーは納得できなかった。そして、ついに訴訟を起こす決意を固めた。一九四八年五月二八日、イーザリーは退役軍人局を相手に「四六年七月に原子雲の中を飛んで放射線を浴び、その結果障害が現れた」との訴えを起こす。だが、イーザリーの訴えは、身体検査の結果、残留放射能が見つかっていないことを理由に退けられた。

　何もかもがうまく行かない。すべての歯車が狂ってしまったような感覚。そんな泥沼にはまっていく自分を、イーザリーは感じていた。

第3章　悪夢の中の焼かれる人々（一九四七―一九五〇）

1

クロード・イーザリーは軍服を着ていなかった。すでに一九四七年に退役しているから当然と言えば当然であった。だが、奇異なことに、戦闘機には乗っていた。

かつてポーカーで景気よく荒稼ぎしていた男に接触してきたのは、同じ退役軍人の元空軍中佐ウィリアム・マルサリスであった。彼は中央アメリカのジャングルからマホガニーの材木を切り出し、運び出す会社、その名も「マルサリス建設会社」を経営していた。呼びかけにこたえたイーザリーには、気前よく「航空機スーパーバイザー」、「チーフ・パイロット」の二つの肩書きを与えた。

会社は、森林伐採が業務であるはずだった。その業務のために、民間に払い下げられる米軍の兵器や軍需品を買い揃えていた。イーザリーのために用意された飛行機もまた、戦闘機として第二次世界大戦で活躍したP－38ライトニングである。最初の説明では、イーザリーには、その戦闘機を飛ばして航空写真を撮ってもらうとのことだった。

ところが、勤め始めると、周囲の人間の話から、会社には資金面のバックが付いていることが薄々分かってきた。それはどうも中米の共産化をよしとしない連中らしい。資本家や、ファシストに与《くみ》する側の金持ちのようであった。

こと政治に関しては、イーザリーはきわめて単純にしかとらえていなかった。「キューバか？あそこは共産主義者の国だ」。そんな感覚で、金も入る、ひと暴れもできるし、共産主義者に一撃をくらわせられる、とばかり、マルサリスが立てていたキューバ侵攻計画に乗っかった。

彼らの計画は、キューバで暴動を誘発する、いわば火付け役を演じるものだった。当時、政権を握っていたのは真正党のグラウで、もともとは反共の立場だったのに、大統領になると労働運動に関心を示し、左翼勢力も政権に取り込んで、不明瞭な構図をつくり出していた。

私製部隊といえども装備は軍隊と同じである。地上部隊は、ライフル、マシンガン、手榴弾、装甲車、戦車、戦車を揚陸する上陸用舟艇を積んで、名目上はホンジュラスに向かうということで通関手続きを行い、船でそのままキューバに向かう手はずだった。P－38は、キューバの首都ハヴァナに近い主要な橋を次々落とし、軍の駐屯地を寸断する役目を負っていた。

イーザリーは武器の買い付けにも絡み、四七年二月には一時的にキューバに出向いて、作戦に必要な家一軒とアパート三室を借りてきた。決行が近くなると、マルサリス建設会社の名前で「戦車を操縦できる退役軍人を求む」との求人広告が新聞に掲載された。

四七年二月二七日の夜、サブマシンガンが配られた。いよいよ決行という段になって当局が動き出した。おそらくはかなり前から計画は筒抜けになっていたのだろう。マルサリスら会社幹部はＦＢＩ（米連邦捜査局）に一斉に逮捕され、イーザリーにはマルサリスの秘書から「追っ手が迫っている」との知らせがあった。急いでホテルに戻ったが、部屋の鍵が開かない。その瞬間、階段の吹き抜けに隠れていたＦＢＩ職員が飛び出し、彼を取り押さえた。逮捕の理由は、銃器法違反だった。あとで分かったことだが、ＦＢＩだけでなく、国務省、税関、沿岸警備隊も巻き込んでの大捕物だった。

　尋問が始まると、イーザリーは「武器は作業をしている人たちを守るため、航空機では航空写真を撮ることになっていた。爆発物は樹木を川に落とすためで、上陸用舟艇でその木を拾い上げるのです」とうそを並べ立てたが、当局はすべてお見通しである。会社の「表向き」の業務を語ったところで、通るわけがなかった。政府はさらにうわ手で、キューバが本命と知りながら、マスコミには「彼らは〔中央アメリカの〕グアテマラかホンジュラスで事を起こそうとしていた」とリークし、新聞は「キューバ」抜きでこの事件を報じた。

　主犯のマルサリスは一年と一日の有罪判決を受け、連邦刑務所に送られた。だが、いわば「使い走り」だったイーザリーは、裁判にはかけられず、話だけ聞かれてそのまま放免された。

2

華々しくドンパチやるはずだったのがかなわず、イーザリーは家族をテキサス州のヒューストンに移して、テキサコのガソリンスタンドで整備士として働き出した。地味といえば地味な職業である。が、かつての空軍のエースといえども、退役した今となってはとにかく食っていかなくてはならない。イーザリーは行き交う車にガソリンを入れ、フロントガラスの汚れをせっせと拭き取った。

このころからだった。夢でうなされるようになったのは。

彼は都市の上空を、航空機を操縦して飛んでいる。そのうちに彼は都市の地上にいて、火炎のただ中にいる。見ると、子供たちが炎の中で叫び声を上げながら逃げまどっている。彼は火の中に飛び込んでその子供たちを助けようとする。が、走り出そうとすると、いつも弱気になり、一歩も進めないのだった。

ベッドの中で叫びながら目を覚ます。汗びっしょりでベッドの脇に座り込む。なかなか恐怖はさめやらない。

「赤かった。炎だったに違いない。人々はそこから逃げ、そこに飛び込み、その両方だった。僕はいつもそこに向かって走って行った。でも、絶対にそこにたどり着くことはできなかった。なぜだか分からない。何かが僕を押しとどめたんだと思う、きっと」

イーザリーはバーボンを口に含まずにはいられず、一杯、そしてまた一杯とあおるようになった。妻も、一緒に起こされるからたまらない。一時期、イーザリーはホテルを借りて、一人で暮らしもした。酒に浸り、ギャンブルにのめり込むことで、のしかかってくるものから一時的にでも逃れようとした。

3

だが、家の外ではまだ持ちこたえていた。イーザリーは四八年二月、スタンドの副支配人に昇格する。六月になると、二十九歳の身で南テキサス法科大学にも籍を置いた。テキサコの職場内研修にも出席し、表面的には、法律家になるか、テキサコに残ってそれなりの地位を固めるかの二つの可能性を地道に追っているように見えていた。昼は仕事、夜は勉強を自らに課したイーザリーだったが、翌四九年の春になると、大学もスタンドも突然に辞めてしまう。

この四九年の夏の終わりに、イーザリーは再びガソリンスタンドの仕事に舞い戻るが、このころから職場の仲間たちに「おれは少佐だ。日本へのミッションに参加したんだ」と真顔で話すようになった。そして、「たくさんの人の死に、自分は多かれ少なかれ個人的に責任があるんだ」とも語り始めた。★1

それから数カ月、外見にも明らかな異変が現れた。職場監督の目から見ても、気力が見られなくなった。仕事をしなくなり、忘れっぽくもなった。「彼は落ち込んでいた。落ち込む時があった。彼は知的だったが、不幸な男のようにも見えた」

一九五〇年。イーザリーの記憶によると、初めて封筒に現金を入れて、広島市長あてに送ったのがこの年である。金額は数百ドルで、「原爆の犠牲となった子供たちのリハビリに使ってほしい」と書いて入れた。

彼はあらゆる気力を失っていた。何に対しても嫌悪しか覚えなかった。睡眠薬を飲み込んだ。三五錠あった。死ぬのに十分な量だった。妻が見つけなければ間違いなくそうなっていただろう。起こそうとしても、起きない。救急車が呼ばれた。

イーザリーが目を覚ましたのは、病院のベッドの上だった。

次に病院が変わった。テキサス州ウェイコーにある精神病院で、退役軍人向けの専用施設であった。

第4章　罰を望む犯罪者（一九四九―一九五七）

1

十二人の陪審員を前に、精神病院でイーザリーを受け持った精神科医が証人台に立っていた。一九五七年十二月九日。刑事事件第一九六四号。郵便局への侵入盗で起訴されたイーザリーが被告席に座っていた。

質問者「先生、言い換えれば、つまり、彼〔イーザリー〕が一九五六年八月三〇日にしたこと〔侵入盗〕を世間の言葉で説明すれば、彼は気が狂っていたということなんでしょうか？」

担当医「本人を前にして、そんな言い方はしたくありません。彼は私の患者です。その彼を気が狂っているなんて呼びたくはありません。彼は精神的に病気なのだと私は考えています。もしあなたがそう呼びたいのなら、彼を『クレイジー』と呼んでください。私はその言葉は使いたくありません。しかし、私は彼が精神に病気を抱えているとは思います。そう、確かにクレイジー……」
質問者「そうですか。あなたは彼が一九五六年に気がおかしくなっていたと言いましたね。では、今はどうなんでしょうか。今もクレイジーなのでしょうか？」
担当医「私は『クレイジー』という言葉は使いたくありません」
質問者「しかしあなたは、ちょっと前にその言葉を使ったじゃありませんか……彼は今も正気ではないのでしょうか」
担当医「彼は部分的にはおかしくなっています。たぶん私同様。だれだってどこかかしこ狂っているんです」
質問者「私たちは全員、多かれ少なかれ狂っていると？　彼は通常よりもっと進んでいるとお考えでしょうか。どうでしょう、先生？」
担当医「おそらく、彼は我々の大多数よりも若干進んでいます。いや、分からない。彼はいまだに病気なんです」
質問者「治るのですか？」
担当医「このまま治療の効果が続けば、彼は社会復帰もできるでしょう。しかし、将来のことは分からない。保証することは私にはできません。……彼の精神分裂〔統合失調症〕は、長い期間のなかでいくつもの要因によって悪化してきたように思えます。始まったのはおそらく、第二次世界大戦が終わって間もない時期と思われます。彼は軍務、海外での経験なのですが、それと関連づけられた精神障害ということで、すでに判定が下されています」
質問者「彼の海外経験とは、爆弾を落としたことですか。彼は広島に原子爆弾を落とした航空機のパイロットだったわけですよね?」
担当医「彼が爆弾を落としたわけではありません。彼は偵察機に乗っていたのです」
質問者「そのことが彼に罪のコンプレックスをもたらし、一九五〇年四月の自殺も呼び込んだというわけですか」
担当医「複数の要因が絡み合っていると思います。そのことは要因の一つと見なされるでしょうが……。今ここで、許されるのならば、法廷で説明させていただきたいのですが。いかがでしょうか。私が彼の過去についてあまり語ることをしなかったわけは、患者との間の信頼関係に基づくものでした。しかし、いくつかのことがここで公にされたいま、私は彼についてもう少しきちんと伝えなければならないと感じております。これまで黙っておりましたが、彼はある意味の戦争の英雄でした。私には最初からこの男は鬱として、落胆し、元気をなくしているように見え、しかも時折、泣くことまであったのです。驚かされたのは、彼にショック療法を切り出した時でした。彼はこの時、自ら罰を求めたのです。彼はある種の、自分を罰する措置を望んでいました。ショック療法を進んで求める患者は、私たちの病院ではごくまれです。彼はショック療法を求め、それもほとんど毎日、非常に劇的な治療を望みました。私には、彼がそれを望み、喜びを覚えているようでもありました。言葉ではうまく言えませんが、しかしなぜ、この男は罰を喜んで受けているのだろう。それは全くの驚きでした。

可能性として、おそらく脳に何かの異常があるのではないかと思い、医師の間では脳波図と呼ばれている検査を行ったのです。これは十六本のワイヤーを両方の側から脳に付けて行うもので、最初のレポートは異常と出ました。疑いの余地があったので、一九五七年四月十日、再検査を行ないました。専門家の判断は、正常の境界線上にいるというものでした。再度、五七年の五月九日に検査を行いましたが、この時も境界線上にある、という結果です。それから私は彼にディランティンやソラザイン、リタリンといった薬を処方しました。最近、テストを行なう時まで与え続けたのです。喜ばしいことに、今回、結果は『正常』と出ました……このことは言いたくはないのですが、秘密扱いでもありません。彼について、新聞報道で言われていますが、原爆の投下と、そして……」

質問者「先生！　そのことはやめてもらえませんか。私は反社会的な行為のことは言ってほしくないのですが」

担当医「分かりました。この男が私に、何度も何度も今にも涙をこぼさんばかりに肩を落としながら言ったことは、十万人の人間がヒロシマで殺されたことに、自分は責任を感じているということでした。このことはまだ話したことはありませんでした。が、彼は私にそう伝えようとしたのです★1」

2

イーザリーが刑事法廷に立たされることになった郵便局への侵入盗。そんな大それたことを行なったのは、金がほしかったからなのか、それともすさんだ心が、社会を脅かすことをあえてやらせたのか、あるいはただただ彼の気が狂っているのか。この日の裁判は、単に「犯罪を裁く」場ではなかった。一年三カ月前、彼が犯した罪の背後にあるものがむしろ問われていた。

あの日、ウェイコーの退役軍人精神病院からイーザリーが退院していたのは、兄が「裁判を受けさせるために三カ月間、イーザリーをテキサス州ヴァン・オルスタインの郷里に戻してほしい」と頼んできたからだった。医師もイーザリーの病状回復を認め、社会復帰にもつながることと受け入れた。退院は五六年四月二四日であった。だが、それを知って知らぬか、病院の患者仲間で何度か刑務所暮らしも経験していたロイ・マントゥースが、二、三日もしないうちに電話を掛けてきた。

「俺たちと一緒に来ないか」。誘われるままにイーザリーはマントゥースと合流し、ウィスキーを酌み交わし始めた。酔いが回るままに、「二五〇〇ドルほしいんだ。ネバダのルーレットで絶対に勝てる方法があるんだ。失敗なんかするはずがない」と語り出したイーザリーに、マントゥースは「金を稼げる方法がある。郵便局をやるんだ」と計画をうち明けた。「郵便局に忍び込んで郵便為替と確認スタンプを盗むのさ」

退院から五日。四月三〇日にイーザリーは、マントゥースと彼の仲間クルーズの合わせて三人でアビリーンから十三マイル南にあるビューに車で乗り入れた。人口一二五人の、黙っていれば通り過ぎてしまう小さな村には、食料雑貨店を兼ねた郵便局がハイウェイのすぐ脇に建っていた。三人は店の中でソフトドリンクとアイスクリームを買って店内の様子を探った。外に出ると、イーザリーが口を開いた。「ここは打ってつけの場所だぜ」

二番目の郵便局を探すために、彼らは北に向かい、今度はアビリーンから三五マイルのところにあるアヴォカ村に郵便局を見つけた。イーザリーは郵便為替は置いているか尋ね、あることを確認した。

雨が落ちてきた。夜になると雷が鳴り、稲妻が光り出した。「いい頃合いだ」というクルーズの声に三人は車のエンジンをかけ、まずはビューに向かった。イーザリーは工具でバリバリ音を立てながら郵便局のドアをこじ開け、中に入った。しかし、のちのち現金化することを計画していた郵便為替は見つからず、なりふり構わず持ち去った物は、あとで調べてみると金目のものはわずか三ドル分の切手だけだった。

アヴォカ村の郵便局では、大きな金庫が見つかった。イーザリーは「おれならこの金庫を開けることができる」と言ったが、郵便局のドアをこじ開ける時に立てた音があんまり大きかったので、マントゥースは怒りを爆発させ、「お前はさっき、戦車よりも大きな音を出したんだぞ。おれたちは全員殺されちまうぜ」と食ってかかった。口論になった挙げ句、一緒にはやってられないと、マントゥースは午前四時、イーザリーをホテルに送り届けた。

3

わずか一週間後にイーザリーは容疑者として手配されていた。簡単に捕まることは薄々感じ取ってたはずなのに、のこのこと郷里に戻り、そのまま逮捕された。

翌五七年一月に、退役軍人局はイーザリーの精神障害率を一〇〇％に引き揚げ、イーザリーが月々受け取る年金額は二六四ドルにまではね上がった。だが一方で、それは、「クロード・イーザリー元少佐は一〇〇％完全な精神障害者である」と宣言されたようなものであった。

精神に障害を抱えた人物相手では、裁判もやりにくい。しかし、彼の処遇をどうするか、ペンディングにしている間にも、イーザリーは五六年九月二〇日に次々雑貨店に押し入り、「金を出せ」と脅しては数十ドルの金を奪って逃げる犯罪を繰り返した。突きつけた銃は壊れていて、弾も入っていなかったが、それでもりっぱな強盗である。犯人がイーザリーだと断定された時は、彼はウェイコーの精神病院に戻った後で、強盗の被害者が訪ねてきても自分のしたことを思い出せない状態だった。

自分のした行為も思い出せない、しかも障害率は一〇〇％と認定されている。通常ならば、ますます告発することを躊躇する場面である。だが、イーザリーの事件を担当した郵政検査官は疑い深く、かつまた強気な男だった。

「イーザリーは有罪とされることから逃げるために偽って病気のふりをしているのではあるまいか。彼はいつも問題を起こすとウェイコーに戻り、ほとぼりが冷めるまで病院にとどまっている」★2

精神障害というが、そこには偽装も混じっているのではないか――。そんな思いから、告発に踏み切ったのである。確かにイーザリーの逮捕歴は検査官を疑わせるだけの回数を重ねていた。

一九四九年に百ドルの偽小切手を振り出したのが、おそらくは最初の小切手偽造である。五一年にも二五ドルと三〇ドルの二枚の偽造小切手を使い、逮捕されている。五三年にも預金がないのにホテルや商店で小切手を使い、この時も逮捕。釈放後も懲りずにダラスの仕立て屋でシャツやネクタイを買っては支払いのあてのない小切手を振り出した。

郵便局に入ったあとの雑貨店強盗も、壊れた銃を使って少額しか奪っていないとはいっても強盗は強盗である。一度は子供にまで銃を突きつけて、「レジスターを開けなければ、子供を撃つぞ」とまで脅しをかけていた。

「これだけのことをしている男を野放しにしておくことはできないのだ」。イーザリーを法廷に引き出した郵政検査官の意気込みは強かった。

しかし、裁判の方はどうも分が悪い。精神病院の担当医が、罰を望むイーザリーの気持ちを代弁したことで、陪審の多くはイーザリーの境遇に同情を覚えたようだった。「このままでは逃げられてしまう」。検察側は空気を敏感に察知し、反撃に出た。

「(一九五六年)四月二四日に行われた検査で、被告人〔イーザリー〕は法的に正気で責任能力があったことは確かな事実です。彼は何が善で何が悪かを知っていたのです。そして、悪事を働く前に、思いとどまることができたのです。そうした理由で、私はこの事件を陪審の皆様に上げたのです」

陪審員は十二人。意見はまっぷたつに割れた。有罪と見なす者が六人、無罪を主張する者がやはり六人と全くの同数である。

「私は彼が全くの精神障害者だと思うね。実際、彼は何もかもが抜け殻みたいじゃないか。苦しめられたんだな。最初の原子爆弾が落とされた結果を知ったことが、悪夢と結びついた。彼が何度も悪夢にうなされたというのは、私は本当だと思うね」

議論は二時間二〇分に及んだ。そして、結論が出た。「精神障害のため、無罪である」。イーザリーはそう宣告された。しかし、刑務所に入れられないで済んだ代わり、イーザリーは精神病院とは縁が切れなくなった。行き先は再び、ウェイコーの精神病院のほかなかった。

第5章　精神病院からの手紙（一九五九―一九六四）

1

精神病院に入れられていることが、逆に、世間に影響力を及ぼすなどと、その時点でいったいだれが想像しただろうか。当のイーザリーさえそんなことはみじんも思っていなかったはずである。

ところが、原爆投下にかかわったことに対する懺悔に似た思いを抱えつつ、精神を病んで精神病院に収容されている元偵察機パイロットがいることが外部に知れると、そのこと自体が訴える力を持ち始めた。「精神病院の反戦・反核パイロット」。そう見なされた人物が精神病院から差し出す手紙に、反戦・反核運動は勢いづき、イーザリーは知らず知らずのうちに、ある種のシンボル、ないしは偶像として祭り上げられていた。本人は相変わらず精神病院に閉じこめられていたが、病院に居ながらにしてイーザリーは、反核と軍拡が対立を深める「社会」のど真ん中に担ぎ出されたのである。

「反戦・反核のパイロット」の紹介役を務めたのが、遠くヨーロッパのオーストリアに暮らす哲学者、ギュンター・アンデルスであった。

イーザリーに宛てて初めて手紙を出す時は、彼自身も半信半疑だった。「おそらくこの手紙は届くまい。届いたとしても精神病院の中からでは返事が出せるわけがない」。そんな予感が先に立った。ところが、一九五九年六月十二日付けで、イーザリーからの最初の返事が海を越えて届く。手紙が届くことが分かると、アンデルスは精力的に手紙を書き、イーザリーもそれに応えてせっせと返事を出すようになった。のちに『ヒロシマわが罪と罰　原爆パイロットの苦悩の手紙』というタイトルで出版されることになる二人の交流は、こうして始まった。

「ギュンター、私は日本の人たちに書いた手紙の全部を思い出すことはできませんが、しかし……私はそうした手紙の一つで、つぎのようなことを書いたことがあります。自分はヒロシマを破壊するための『ゴー・アヘッド』の命令を下した当の少佐であること。自分には、この行為を忘れることはできないこと。この行為は一つの罪悪であり、そのために自分は非常な苦しみを感じなければならないこと。それで私は、日本の人たちに対してゆるしを求めました。さらに手紙の中で、人間はたがいに殺しあってはならないのだ、と、つぎのように書きました。『なぜ、われわれは戦争をする必要があるのでしょう？　戦争は野蛮な行為であり、非人間的なものです。戦争は、万物の霊長といわれる人間のやるべきことではありません。私には、広島の廃墟の下に眠っている人びとが泣きながら、平和を求めてさけんでいる声が聞こえてきます。私は、人間がたがいに手に手をとって、よりよい世界をつくることができるように、祈らずにはいられません』」★1

2

文面は、とても精神病院に入れられている人物が書いたものとは思えなかった。

「僕〔イーザリー〕は、日本のその国会議員に対して、君と僕が考えていることを知らせてあげた。そして僕は、彼に対して、愛と信頼と友情だけがすべてこの種の無意味な『血で血を洗う戦い』を終わらせることができるだろう、と強調した。さらに、僕は彼に対して、核武装が持つ反道徳的な影響は、それが肉体におよぼす破壊的作用におとらずおそろしいものであることを、僕自身の体験にもとづいて具体的に説明した。

もしも退院したら、僕にとってなすべき仕事はただ一つだけしかない。すなわちそれは、たとえセンセーショナルな宣伝であろうがなかろうが、そして名誉・不名誉にかかわらず、さらに僕のプライドが傷つこうとつくまいと、僕の影響力のすべて、僕の持つ大衆性のすべてを利用して、世界中にうったえることだけだ。すなわち、人類の、大衆といわれる人びとにうったえるのだ。それは、政治家でも、軍人でも、それに類似の人びとでもない人たちのことだ。なぜならば、政治家とか軍人とよばれる人びとは、単なるロボットにすぎず、言われた通りのことをやり、命

ぜられたままに反応することしか知らない人びとなのだから」[★2]

「僕〔イーザリー〕が考えていることは、人類の平和と平等というただ一つの真剣な願いなのだということを、医師たちやその他の人びとにわかってもらうために、僕はあらゆる手段をつくして努力してきた。人類への信頼こそ、君と僕とに共通の信念なのだから。しかし、おそらく君もわかっているだろうが、そうしたことを話したり書いたりすることは、この国ではあまり歓迎されないのだ。そして、彼らは、僕があたかもこの国の目的の達成を妨害する人間でもあるかのように思っているのだ」[★3]

イーザリーは「政治的な事項や組織とかかわりあいになることは、僕にはできない」と言いつつ、一方で日本の国会議員に手紙を出すことを厭わなかった。

「われわれは、もっと積極的に動かなければいけない。状況はますます困難になってきている。僕もこれらの〔日本の〕国会議員たちに手紙を出そうと思う。もちろん、政治的なことはいっさいぬきにした、純粋の道徳的な内容のものだ。特定の政治的グループとか教会のグループに同調するなどということは、われわれにはできない。われわれの目的は、核武装を中止させ、平和を維持する力をもった世界政府を建設することなのだ。つまり、弱小国も、強大な国ぐにも、ともに包容する世界政府をだ。そして、今日、世界で軍備のために支出されている金は、貧しい国ぐにの教育と健康と福祉のために使用されなければならない。

さしあたって重要なのは、実際に原爆を投下した人たちよりも、僕の名前の方がはるかに有名になってしまったという事実なのだ。僕が下した『準備完了、投下』のサインは、したがって、僕の罪を世間の人びとに告げ知らせるための、唯一の手段として役立たねばならない。そして、原爆の持つ反道徳的な破壊力は、その物理的な破壊力とおなじく全面的なものだということを、人びとにあきらかにしなければならない……。

僕が思うには、われわれやわれわれの友人たちは、われわれの確信に最後の勝利をもたらすまでに、長いそして勇気のいるたたかいをつづけなければならないだろう。ところで僕は、アメリカの雑誌『コロネット』に寄せるための論文を書き上げてしまうために、もうしばらく病院にとどまることを考えている。というのは、この雑誌は、エノラ・ゲイ号の乗組員たちの物語を発表したのだが、この物語たるや、あきらかに僕がいままでに書いていることの効果を台なしにする目的をもって書かれたものと思われるからだ。

この物語では、エノラ・ゲイ号の乗組員のだれもかれもが、何らの罪も感じてはおらず、原爆投下の瞬間には全員、指揮官のティベッツ大佐のもとに結束していたこと、そして、現在、必要とあればふたたびおなじ任務を遂行する覚悟でいることがのべられている。この物語は矛盾だらけであり、僕は君に一部送ってあげようと思う」★4

「物語は矛盾だらけだ」――。

イーザリーは時に激した手紙を寄こした。エノラ・ゲイ乗組員への反感をアンデルスに容赦なく吐露し、それを「矛盾だらけ」と表現した。他の乗組員が原爆の投下に何ら罪の意識を感じていないこと、それをことさらメディアを通じてアピールしていることに、イーザリーは憤りさえ覚えていた。

だが、イーザリーがなんと言おうと、どう思おうと、何の罪も感じていないようにふるまい、それを公言して憚《はばか》らない人物がいることも、これまた事実だった。その筆頭に挙げられる人物に、まずポール・ティベッツ大佐がいた。原爆搭載機「エノラ・ゲイ」の機長として、投下を直接指示した「国民的英雄」である。

「私は、原爆の使用を支持する。私がそう言うのには二つの基本的な理由がある。〔日本人に捕まり、戦後解放された〕アメリカの捕虜に会った。全くひどい話だった。……二番目に私は、日本人が戦い続けたであろうと信じる者の一人だ。……原子爆弾がわれわれの手にある以上、それは使うべきだ。それで、敢えて言うが、私はこの兵器の使用を支持する。……この件に関して、合衆国空軍や合衆国政府が私を守ってくれたことは一度もなかった。私はこれをしたことに対する道義的な罪のある結果として、狂人、飲んだくれ、そのほか、あなたが見捨てられた者に対して想像できるあらゆる者として、とがめられてきた★5」

ここに垣間見えるのは、被害者感情だけで、ティベッツは広島に対し、罪の意識などこれっぽっちも持ち合わせてはいないように見える。

エノラ・ゲイの元レーダー手、ジョー・スチボリックも、「原爆なんて、ふつうの爆弾にちょっと毛の生えたものさ」と公言した。[★6]いや、原爆投下の最高責任者ハリー・トルーマン大統領だって、原爆投下の決断について、「また、同じことをするさ。再び、原爆を落とすのにためらいはない」[★7]とあっさり言ってのけているのである。

原爆の開発で科学者側の責任者を務めたロバート・オッペンハイマー博士がホワイトハウスを訪れ、「大統領閣下、私の手は血塗られています」と言いながら、せめても核兵器の国際管理に向けて努力すべきではないかと提言した時、トルーマンはハンカチをわたしてからかい半分に「手をふいたらどうだ」と言ったというエピソードも残っている。トルーマンはさらに、オッペンハイマーの深刻そうな様子など気にも止めず、「血で汚れているのはわたしの手だ。それはわたしが考える問題だ」と混ぜ返した。[★8]

3

広島原爆の生き証人であるイーザリーと真摯な手紙をやり取りし、なおかつ被爆者の神経を逆なでしようとしているかのような発言が後を絶たないことに心を痛めたアンデルスは、ついに重大な決意を固める。イーザリーが罪の意識を感じ取りながら、一方で原爆搭載機の乗組員が平気でいられることが何を意味するのかを、当選したばかりのケネディ大統領に手紙で直訴したのである。

「いま私がこの手紙をあなたにさしあげるにいたった、もっとも直接の動機は、今日、すなわち一月十三日に、テキサス州ウェイコーから届いた通知を読んだためなのですが、その通知によるとイーザリーは、法医学担当の専門医によって精神病者であるとの診断を下されているということです。

きわめて率直に申しあげるならば、私は、この診断は事実に反していると考えます。ケネディ大統領、私のこの手紙に付録としてそえた、イーザリーの手紙の抜粋を一目ごらんになっただけでも、あなたご自身でも、その専門医たちの診断を腑に落ちないとお感じになられるにちがいないと思います。

あるいは、こう反問する人びとがいるかもしれません。イーザリーはきわめて特殊な行動（数度にわたる贋《にせ》の強盗や、類似の行動）によって、医学的な意味で、彼のアブノーマルなことを実証しているのではないかと。もちろん、単なる表面的な行為だけを切りはなして考えれば、そう言われても仕方がないでしょう。しかし、それらの行為のうちにひそむ意味を考えてみるとき、それは、単にアブノーマルということでは説明できない、他の意味、つまり一つの意義をもっているのです。

理性的な考え方のできる医者ならば、だれでも知っていることですが、あるアブノーマルな状況の下で、あるいは、あるアブノーマルな状況の直後に、ノーマルな行動をとれる者があるとすれば、それはかえってアブノーマルなことなのです。もしも、異常なショックをもたらす出来事のあとで、なお、依然として何事もなかったように平然としていられる人間がいるとすれば、それこそアブノーマルなのです。しかも、もしもおよそ人間の想像力や反省能力をもってしては全然手に負えないほど、おそるべきショッキングな出来事にもかかわらず、依然として『ノーマル』な態度でいられる人間がいるとしたら、それこそ、医学的にいってよいますますアブノーマルだといわざるをえないでしょう。イーザリーの場合には、まさに、このようなショッキングな出来事が問題になっているのです。なぜならば、彼が体験したのは、何十万という人間が焼き殺され、人口の密集した都市が一瞬にして灰になってしまったことなのですから。この体験の後、彼の行動に『アブノーマル』な反応があらわれたというなら、その反応はきわめてまともな反応なのです。

私のこの手紙を読んだ多くの人々は、おそらく首をかしげて、こう反問するでしょう。『しかし、なぜ彼が懺悔《ざんげ》しなければならないのだろうか。彼は、単に『準備完了、投下』の信号を送っただけであり、しかも、あの行為がすんだ後で、はじめて核爆発の事実をきかされたのではないか。彼は、単に命令に従ったまでであり、単に命令の遂行者として利用されたにすぎないのではないか』と。

私はここでは問題をしぼって、『知らなかった』ということは犯罪行為の釈明たりうるかどうか、という点だけを論じたいと思います。私はユダヤ人です。私の友人は全部、ヒトラーのガス室で殺されてしまいました。『おれは、ただ命令に従っただけにすぎないんだ』という弁解は、ユダヤ人みな殺しのために働いた、ヒトラーの役人全部がもちいている口実です。そして、このことばは、いま世界中の新聞で報道されている〔アドルフ・〕アイヒマンの、つぎのことばと、ほとんどそっくりそのままです。

『ほんとうのところ、私は、国家の指示と命令を実行するためのメカニズムのなかの、一本の小さなネジにすぎなかったのだ。私は人殺しなんかしないし、まして大量殺人なんかしやしない』ちがいます。イーザリーは決してアイヒマンの同類ではありません。それどころか、まさにアイヒマンとはまったく対蹠的な、まだ望みのある実例なのです。自己の良心の欠如をメカニズムに転嫁しようとするような男とちがって、イーザリーは、メカニズムこそ良心にとっておそるべき脅威であるということを、はっきりと認めているのです。

つまり、彼が言おうとしていることは、こうです。すなわち、たとえ命ぜられてやったことであっても、私がやったことは私がやったことなのだ。私の責任は、単に私の個人的な行為についてのみあてはまるのではなくて、『私がやったこと』であるかぎり、すべての行為についてあてはまるのだ、と。

われわれの良心にとって決定的な問題は、単に『われわれは何をなすべきか?』ということだけではなくて、機構《メカニズム》のなかにおいて、われわれはいかなる場合に、そしてまた、どの範囲まで協力すべきか、あるいは、協力すべきでないか?』ということなのです。いや、それどころか、イーザリーは、この、機構のなかにおける協力という問題に対しては、彼の単なる個人的な行為の場合よりもはるかに大きな責任を感じているのです。なぜならば、機構のなかでの協力という行為からでてくるおそるべき結果にくらべれば、われわれの個人的な行為からでてくる結果など、まったくとるに足りないものでしかないからです。……

一九六一年一月十三日

大統領ジョン・F・ケネディ様★9」

4

イーザリーは最初は「自由意志に基づく患者」として、精神病院に自発的に入院したことになっていた。だが、彼の兄弟が引き続き置いてもらうよう病院に申請し、さらにはテキサス州の陪審裁判所が一九六一年一月に、彼を「自由意志に基づかない患者」と決定した結果、精神病院への収容は強制力を持つものになった。

イーザリーとアンデルスが手紙のやりとりを続けるそのただなかでも、イーザリーを取り巻く状況は悪化の一途をたどり、退院はほとんど絶望的になっていた。

しかし、皮肉にも、彼が追いつめられれば追いつめられるほどに、自由な世界の側は彼をカリスマ的存在に祭り上げ、時代の申し子と見なしていく。

原爆の後遺症に悩む広島の少女たちからの慰めと共感の手紙もまた、イーザリーの元に届いた。「私たちが、いまこのお手紙をさしあげるのは、あなたに深い同情の気持ちをお伝えするとともに、私たちがあなたに対して敵意など全然いだいていないことを、はっきりと申し上げたいからでございます。……私たちはあなたに対して友人としての気持ちを持たなければいけないと知りました。そして、あなたご自身も私たちとおなじく戦争の犠牲者なのだと思っております」

ケネディが当選するまで、イーザリーは、やや誇大妄想的に、病院が自分を出さないのは、自分が大統領選挙に影響を与える人物だからだ、意地でも（一九六〇年）十一月までは出してはもらえないだろう、と考えていた。

一方で、精神病院から発せられるメッセージを苦々しく思う者たちは、イーザリーに共産主義者のレッテルを貼ったり、原爆の投下に彼が何の権限も役割も持っていなかったと貶《おとし》めることに躍起になった。

5

精神病院からようやく退院できたのは、一九六一年七月であった。イーザリーはその日のうちにインタビューに応じ、原爆投下について、「戦争は原爆がなくても終わっただろう。もしも原爆を開発しなければ、われわれはいま、このような恐怖をもって生きてはいなかったと思う。原爆を落としたことは誤りだった。……アメリカ人は広島に責任がある」と再度、過ちを明確に認めた。

「我々はこの爆弾を法的に禁止することができたはずだ。ちょうど細菌を戦争に使わなかったように。しかし、我々はそれをしなかった。そして投下した。……僕は我々が核兵器を絶えず増強し続けることが戦争を防ぐことになるとは思えない。僕にはそれは平和への絶えざる脅威に感じられる。もしも我々がロシアと信頼関係を築いて、軍縮に何かできれば。おそらく彼らは我々とやっていけると思う」

犯罪に手を染めた理由も尋ねられ、それにはこう返した。

「僕は金なんかほしくなかった。ただ監獄に入れられて、罰を与えられることを望んだんだ」と。

ところが、イーザリーの退院を快しとしない人も一方にいた。何とか早いうちに一発食らわせておかないと発言力をさらに強めかねないと、水面下で動き始めた人たちもいた。

一九六四年、イーザリーの仮面を剝ぎ、伝説を覆すという目的で、ウィリアム・ヒューが『ヒロシマ・パイロット　クロード・イーザリー少佐のケース』[★10]を出版する。

攻撃を受け出すと、イーザリーの精神はまたもや不安定に陥った。再び元のイーザリーが顔をのぞかせ始めた。二ドル九五セントでおもちゃのピストルを買い、手頃なセブンイレブンを見つけると、そのピストルを店員に突きつけた。そして、一三二ドルを奪うと、そのまま現場から逃げ去った。

罪と罰の連鎖が、再び始まったようだった。

第2部

原爆開発学者、ジョージ・プライス

提供：アンナマリー・プライス

第1章　マンハッタン計画の若き科学者（一九四四―一九五五）

1

　クロード・イーザリーの場合、軍人としての階段を駆け上がることが原爆投下の偵察任務に直結し、そこから精神の混乱も始まった。さかのぼれば、軍人になった時点から、その後の運命は決まっていたと言えなくもない。

　ところが、最後は英国で自殺を遂げることになる科学者ジョージ・プライスにとって、原爆開発プロジェクトへの参加は、全くの唐突な打診だった。しかも、マンハッタン計画と呼ばれたこのプロジェクトが、ウラニウム〔ウラン〕を使った原爆だけでなく、プルトニウムを原料とする原爆をも作り出すことを視野に入れなければ、そもそもプライスに参加の要請が来ることはなかったに違いない。プライスの専門は、プルトニウムなど新元素の分析だったからである。マンハッタン計画に組み込まれなければ、じきに戦争は終わり、彼は何のわだかまりもなく人生の次のステップに進めたかもしれない。研究者として、与えられた生をまっとうできたかもしれないのだ。

2

ところが、歴史はそうは動かなかった。

アメリカの「マンハッタン計画」は当初、ウラニウム爆弾の完成を目指した。天然ウランの中にわずか〇・七％しか含まれていないウラニウム２３５を天然ウランから分離して、原料とする。ウランと名の付く物質がすべて、容易に核分裂を起こすわけではなく、ある特定の、希少な同位体だけしか原爆の原料にならないことが、プロジェクトがスタートした一九四一年の時点で判明しつつあった。

しかし、時が経つにつれて、ウラニウム２３５は、分離のために大変な労力を要することもまた分かってきた。分離・濃縮のためには、機械をそれこそ何千台もつなげて少しずつふるいにかけなくてはならない。しかも、一発の爆弾に要するウラニウム２３５が仮に一〇キログラムだとすれば、最低でも一四三〇キロもの大量の天然ウランをそのために採掘しなければならない計算になる。これは、量産ということを考えた時に、ウラニウム爆弾が必ずしも実用的ではないことを意味した。

そのような状況のもと、核物理学の進歩が人工的に作り出すことを可能にした新元素「プルトニウム」が、ウラニウム２３５と同じ核分裂物質だと分かった時、マンハッタン計画の研究者たちは色めき立ち、新たな可能性の虜《とりこ》となった。ウラニウム爆弾と比べて特に大きなメリットと見なされたのは、プルトニウムの方がより簡単に手に入れられそうなことだった。ウラニウム235は濃縮の繰り返しという膨大な作業を要するが、プルトニウムは天然ウランの大部分を占めるウラニウム238を原子炉で燃やすことで、次から次へと生み出すことができる。これは原子爆弾を量産面で考えた時、ウラニウム爆弾と比べて格段に魅力的な点だった。

しかし、それは、プルトニウム爆弾の開発は急がないといけないということもまた意味した。どこかの国が原子炉を稼働させた時点で、他国によるプルトニウム爆弾の開発もまた現実味を帯びることになるからだ。

最大の脅威はもちろん、ヒトラー率いるドイツである。ドイツには、量子力学を編み出した理論物理学の最高頭脳ヴェルナー・ハイゼンベルクがいる。「我々がより容易に作り出せるものであれば、敵国もまた、同じように作り出せるはずだ——」。だから、プルトニウムの発見は、二重の意味で、アメリカの原爆開発を急がせることになったのである。

まずは、この新元素の化学的、物理的性質を解明し、原子爆弾がつくれるかどうかの判断を下さなくてはならない。このことが、とにもかくにも急務だった。そして、その研究を担当することになったのが、偶然にもジョージ・プライスが籍を置いていたシカゴ大学だったのである。

3

プライスがマンハッタン計画に参加を求められたのは、一九四四年のことだった。一九二二年生まれの彼は、まだ二十一歳にしかなっていなかった。

ニューヨークのマンハッタンに生まれながらも、四歳の時に父親を失い、母親の苦労を間近に見ながら育ったプライスにとって、学問で認められることは成功への第一条件であった。かつてオペラ歌手で、舞台女優でもあった母親は、夫を亡くしてからは、家族で経営していた照明会社のやりくりに専念しなくてはならなくなり、倒産だけは避けたいと孤軍奮闘していた。そして、襲いかかる大恐慌の波に逆らいながら、兄のエディソン、そして弟ジョージを女手一つで育て上げたのだった。

四歳年上のエディソンは一九三五年、十七歳にして母親の仕事を手伝い始めていた。公立高校を経て大学に進学できたのは、プライスだけだったのだ。


プライスがマンハッタン計画に取り込まれた四四年は、それまで可能性ばかりが強調されてきたプルトニウムに、暗雲が立ちこめた年でもあった。それは、爆発を起こさせるような人の手を加えないうちに自然、勝手に核分裂を起こし、爆発してしまうというやっかいな性質だった。「もしかしたらプルトニウムは、原爆の原料としては使えないのかもしれない」。難題を突きつけられ、担当者たちは意気消沈する。だが、ここまで開発を進めてきた以上、そう簡単にあきらめることもできなかった。このこと以外ではプルトニウムは原爆の原料としてウラニウム235よりはるかに優れているように見えていたからだ。

爆弾としての利用に致命的なこの現象を克服するために、シカゴ大学の研究者たちはプルトニウムの性質をさらに精査する作業に追われた。★1 さまざまな角度からの分析の結果、自然に爆発を起こす犯人は、実は、原爆の原料として考えていたプルトニウム239にわずかに混じっていた同位体、プルトニウム240だと分かった。だが、このプルトニウム240は、化学的性質を同じくする同位体だけに、短期間のうちに取り除く方法が見つからない。

科学陣は、発想の転換を迫られた。そこで模索され始めたのは、自発的爆発を上回るスピードで爆弾を爆発させる方法であった。

議論の末に採用された最終手段は、爆弾を球形にし、小分けして分散したプルトニウムを火薬の力で一気に中心に集める「爆縮」と呼ばれる技術である。この技術のミソは、核分裂を劇的に短い時間で集中的に起こすことにある。原理的には、ウラニウムの二つの塊を爆薬でぶつけ合うウラニウム爆弾の起爆では考えられなかったほどの高速が実現できるはずだった。爆弾の形状をはじめ、あらゆる点で設計の変更を迫られることになったが、アメリカはその新技術によって、プルトニウム爆弾をあきらめずにプロジェクトに組み込み続けられたのである。

4

原子爆弾は、一九四五年七月十六日にニューメキシコ州アラモゴルド砂漠で行なわれた史上初の核実験が成功したことで、完成を見たという見方が流布している。この日の午前五時三〇分が、人類が初めて核兵器を手に入れた瞬間なのだと歴史のうえにも刻まれている。確かにそれは正しいのかもしれない。だが、それは二タイプあった原子爆弾のうちの一つ、プルトニウム爆弾のことである。イーザリーが偵察機から気象上のゴーサインを出したウラニウム爆弾の方は、技術上の問題はないであろうとの想定のもとに、実験されないまま広島に投下されることになった。

アラモゴルドで実験されたプルトニウム爆弾。そして、長崎に落とされたプルトニウム爆弾。シカゴ大学の研究スタッフとしてマンハッタン計画に参加したプライスは、この二つの爆弾の「生みの親」となった。片方は、砂漠で威力を見せつけただけで終わったが、もう片方は長崎の街を壊滅させ、十二万人を超える人間を死に追いやった。★2

5

戦争は終わった。

日本の無条件降伏、第二次世界大戦の終結を聞いた時、プライスは科学者志望の大学院生であった。とにもかくにも博士論文を仕上げねばならない。それが目下の課題である。論文のテーマは、まさにマンハッタン計画での仕事をそのまま引き継いだ「ウラニウム、プルトニウム、ネプツニウム、アメリシウムの蛍光発光研究」★3であった。

化学の博士号を得たプライスは四六年、アメリカの最高学府、ハーヴァード大学に講師として迎えられる。どれほど優秀だったかが、このエピソード一つからでも想像できる。翌四七年には、マンハッタン計画で知り合ったミシガン州出身のジュリア・マディガンと結婚する。ジュリアはミシガン大学に学んだ同じ理科系の女性だったが、マンハッタン計画には研究者ではなく、研究者をサポートする立場で採用されていた。目鼻立ちがくっきりしていて、なかなかの美人でもある。

知的で美しい女性と、将来を嘱望《しょくぼう》された科学者とのカップルは、だれもが羨《うらや》む組み合わせだった。プライスには、どこのだれが見ても順風満帆な人生のスタートであった。

ハーヴァード大学の教壇に立ってから三年、プライスはミネソタ大学に医学研究者としてのポストを見つけ、ミネソタ州に居を移した。

6

えてして人は、結婚までは互いの共通点を探すが、一緒に暮らし始めると互いの違いの方が気になってくるものである。

プライスとジュリアにとって、互いの共通点が「知性」だったとすれば、違いの一つは宗教に対するスタンスであった。ジュリアはカトリックの敬虔なクリスチャンであった。これに対し、プライスの方は神の存在を完璧に否定する無神論者である。宗派、宗教が違うということではない。一方は無条件で神を信じているが、もう一方は信仰を持つこと、神の存在そのものを否定する。ひとたび口論になれば、妥協点は見い出せない。

もう一つは、原爆投下の是非をめぐる考えで、実はそれにも宗教の問題が絡んでいないわけではなかった。

「十六時間まえ、米軍航空機は、日本の重要軍事基地広島に爆弾一発を投下した。この爆弾はTNT火薬の二万トン以上の威力、また戦史上最も強力な英国の『グランド・スラム』爆弾の二千倍以上の威力をもつものである。日本軍は開戦にあたり、パール・ハーバーを空襲したが、いまや、何十倍もの報復を受けたのである。……これは原子爆弾である。……われわれはいまや、日本国内のどんな都市の機能でも、さらにあますところなく敏速かつ完全に抹殺する準備を整えつつある」[★4]

広島を壊滅させた四五年八月六日のその日の声明で、トルーマン大統領は「原爆は、日本が行なってきた卑劣な行為に対する報復だったのだ」と、その行為を正当化した。三日後、長崎でも原爆を使うと、今度は議会で「われわれは、戦争の苦しみを早くなくすために、また数千数万人のアメリカの若者の命を救うために、原子爆弾を使用したのだ」と演説した。[★5]

戦争を終わらせることこそ善なのだ——。トルーマンの演説は「原爆は、戦争を終わらせ、戦闘で死ななければならなかったはずのアメリカ兵士の命を数多く救ったのだ」というところに収《しゅう》斂《れん》する。その直截なメッセージは、日本軍の残虐行為や真珠湾への奇襲攻撃に憤りを感じていたアメリカ一般大衆の心をつかみ、原爆投下を肯定する国民の割合が一時、八五%にも達した。[★6]

プライスの意見もまさにそこにあった。「原爆を使ったことで多くのアメリカ人兵士の命が救われたのだ」。彼は真顔でそう主張した。

ところが、原爆を市民に投じたことを正当化する動きは、たちまち強い反発を巻き起こした。その先頭に立ったのがプロテスタントやカトリックの団体、個人であった。

原爆は、婦女子をはじめとする民間人を無差別に殺戮する非人間的で残虐な兵器である——。カトリックの総本山ローマ法王庁（ヴァチカン）は、広島原爆の翌七日に機関紙を通じて原爆の使用を糾弾した。「かつて悪用を恐れて潜水艦の発明を断念したレオナルド・ダ・ヴィンチのように原爆の発明者がその発明を葬り去らなかったのは遺憾である」と、非難の矛先《ほこさき》は、開発を進めた科学者たちにも向けられた。

アメリカ国内のプロテスタント信者たちも、強い反発をあらわにした。長崎に原爆が落とされたその日に、プロテスタントの連合組織「連邦教会協議会」は、「日本本土に対する空襲計画の停止ないし変更」を強く求める動きを起こす。★7 国内のカトリック系組織も、「ヒロシマとナガサキの名は、アメリカの罪と汚辱の名となる」と容赦ない非難を浴びせた。★8

7

「原爆を広島、長崎で使ったことは誤りです」。カトリック教徒として信仰厚かったジュリアもまた、原爆の使用を人道的な見地から糾弾した。ヴァチカンに倣《なら》ったということばかりではない。

ジュリアはたとえ一人ででも非難を口にしたはずである。彼女は原爆がまだ使われる前から、当のシカゴ大学の研究所内でも、問われれば「原爆を市民に向けて使うことは許されない」と答える人道派だった。

原爆の殺傷力、破壊力は当初から予測されていたが、実際の使用で、より深刻に受け止められたのは、放射線による人体への障害であった。

当初、犠牲者の治療に当たった医者たちを驚かせたのは、被爆者の外傷のひどさで、見るに耐えないひどいやけどや、着物の布が食い込みどうにも措置できない皮膚の損傷であった。が、そのうち、目に見える傷のない者たちもまた、正体不明の吐き気、のどの異常な乾き、下痢、体全体の不調などを訴え始め、発熱し、髪が抜け落ち、そして赤黒い血が歯茎から流れ出すと、あえなく死んで行った。

原爆による広島の推定死者数を約十万人と伝える一九四五年八月二〇日号の『ライフ』誌[★9]に続き、八月末には、日本の同盟通信社が生存者の悲惨な状況と元気そうに見えた人々が突然死んでいく現象を配信し、AP通信とUP通信が取り上げた。[★10]原爆の投下から一カ月近くたった九月三日には、アメリカの記者団が初めて広島に入り、ニューヨーク・タイムズは九月五日付で、「人々は一日に百人の割合で死んでいると報告されている」とレポートする。[★11]翌四六年八月には、ジョン・ハーシーが『ニューヨーカー』誌で広島の現状を伝え、被爆者の症状がX線の過量照射の結果に似ていることを「放射線症」「放射線病」という言葉を使ってアメリカ国民に訴えた。ハーシーのヒロシマ・レポートは、かつてない強い反応をアメリカ国内で引き起こした。

8

キリスト教団体と、政府関係者、あるいは大統領の間の攻防が、そのまま縮図として持ち込まれたのが、プライスの家庭だった。

何人もの男性から求婚された末にプライスを選び取ったジュリアだったが、夫に対し、時を追うにつれて相容れないものを感じるようになってくる。じきに、言い争う声が家庭内で絶えなくなった。

プライスが「原爆」になにがしかの正当性を覚え、広島、長崎への投下を頑強に「正しかった」とし続けた背後には、十八歳の時初めて明かされた出生の秘密が多少なりともかかわっていたかもしれない。

その秘密とは、彼自身がユダヤ人だということであった。息子が十八歳になるのを待っていたかのように、母親はプライスにその事実を明かした。プライスにとって、あまりに突然で、予期だにしていなかった話であった。

母親の話すところでは、自分は子供をユダヤ人として育てることをあえてしないできたし、父方も、もともとの姓をヨーロッパからアメリカに移住した時に捨てたのだという。「プライス」という姓は、アメリカで暮らすために選び取られたもので、父方が受け継いできた伝統的な名字とは無関係だったのだ。

衝撃は想像して余りある。プライスは十八歳を、第二次世界大戦のさなかに迎え、時まさにナチス・ドイツがユダヤ人への迫害を強め、言語を絶する惨禍がアメリカにも伝えられていた。アメリカが原爆開発に乗り出したそもそもの理由も、ナチス・ドイツに先に手に入れられることを未然に防ぐところにあった。アメリカがナチス・ドイツの原爆計画がほとんど進展していないことを確信したのは四四年十一月のことで、ドイツの脅威はプライスがマンハッタン開発に参加を求められた四四年の前半にはまだ払拭されてはいなかった。★12 とすれば、「他国に核兵器を持たせてはならない。ましてやユダヤ人の虐殺にやっきになっているナチス・ドイツに持たせるわけにはいかない」という使命感のようなものが、プライスをマンハッタン計画へと駆り立てたことは十分に考えられる。

そのうえ、プライスは自国が攻撃を受けることを極度に恐れていた。それはのちの米ソ冷戦期に、記事でのアピールという形で明確になってくるが、その意味でも敵国ドイツに原爆を持たせてはならなかった。裏返せば、プライスの気持ちの中で、アメリカは何としても最初に原爆を開発しなければならない国だったのである。

9

日が経つにつれて対立を表面化させずにはいなかったプライスとジュリアの「違い」は、その育ちにもあった。裕福な家庭で大過なく成長したジュリアとは対照的に、プライスは零細の照明器具商の息子として、幼いころから貧乏を嘗《な》め尽くしてきた。苦労の中で、母親はだんだんと神秘や霊的なものに惹かれ、降霊術や水晶玉を使った占いにも凝っていく。プライスの方は痛いほど、苦しいほどに完璧さ、完全を求めるようになり、興味を持ったものには異常なほどにのめり込む性分に育った。ミネソタでも、取り憑かれたように仕事に向かい、家庭内でも読書にふけることが多かった[★13]。

結婚の翌四八年には長女のアンナマリーが、さらに四九年には次女のキャスリーンが生まれる。二人が動き回るようになると、安全意識に敏感だったプライスは手作りの大きな柵を室内に巡らせて万一のことが起きないように配慮したが、夫婦の断絶はもはや子供の存在では埋められなくなっていた。

結婚から八年、ジュリアとの結婚はついに破局を迎える。離婚を決意したジュリアは、まだ幼い二人の娘を連れて家を出た。一九五五年、プライスはミネソタの家に一人残された。

第2章　ジャーナリスト挫折（一九五七—一九六一）

1

「これは私自身の感覚ですが、アメリカは外交政策において、しばしばとても間違ったことをやっています。私の理論を言わせてもらえば、大統領と国務長官が、おそらくは潜在意識のなかでのことなのでしょうが、『自分たちは道義的にも正しく、正当なのだ』という態度でいることが、その第一の理由ではないでしょうか。ノイローゼに罹った人間が、本当は正しい行ないを考えることのできる賢い頭を持っていながら、常に誤ったことを行なってしまうのと全く同様に、アイゼンハワーとダレスは、有利な道を考え出す完璧な能力があるであろうにもかかわらず、しばしばとても不利な選択をしてしまうのです。自分が、モラルにあふれた人物だと見せたいがために」★1

プライスの口から政策批判や大統領を糾弾する言葉が飛び出し始めたのは、離婚から二年後、一九五七年のことであった。当時の大統領はアイゼンハワー、国務長官はダレスである。二人はアメリカの採るべき道を「大量報復戦略（ニュー・ルック戦略）」と位置づけ、戦略爆撃機と核兵器を中心とした報復力こそが戦争を抑制し、アメリカに平和をもたらすのだと訴えていた。

プライスの大統領批判は、「反核」や「核兵器廃絶」を標榜するものではなかった。そういう立場とは無関係に、ソ連から攻撃を受けた場合のアメリカの防衛力の弱さ、そして犠牲となる市民の多さを危惧するところに批判の原点はあった。プライスには、爆撃機に頼り切って安心しているアメリカへの不安がまずあった。

ソ連は大陸間弾道ミサイルの開発に躍起になっている、我々はいま、戦争観が塗り替えられる節目を前にしている——。だが、アメリカは、ことの重大さに気づいてもいないのではないか……。

いても立ってもいられないいらだちのなかで、プライスは、国の守りを厚くすると同時に、アメリカもミサイル開発に本腰を入れるべきだという考えを表明せずにはいられない気持ちに駆られていた。

その「のめり込む」性格ゆえに、そして、「人の役に立たなければならない」という生来の使命感ゆえに、プライスはただ意見を持っているだけで収まりきる人物ではなかった。「自分の意見を広く伝え、国民の窮状を救うためにはジャーナリストにならなければならない」。大胆な決意に一足飛びでたどりつき、ペン一本で生きることを決意する。研究職をかなぐり捨て、ミネソタから生まれ故郷のニューヨークに戻ったのは、五七年の春先であった。

クロード・イーザリーは、原爆実験に立ち会ったことで核兵器の実際の破壊力を知り、それをきっかけにして、「もしもアメリカに原爆が投下されたら」との懸念を抱き始めた。一方のジョージ・プライスもまた、原爆を開発した科学者であったが故にその桁外れのエネルギー量や威力について熟知していた。だからこそ、核攻撃を受けることに恐怖を感じ、その恐ろしさを訴えずにはいられない気持ちに駆り立てられたのである。

この時代、米ソは両国とも原爆の量産体制に入り、水爆の方も実用段階に進みつつあった。軍事力の雌雄を決する米ソ軍拡競争の焦点は、確かに大陸間弾道ミサイル（ＩＣＢＭ）の開発に移っていたが、米陸軍は実際のところ、五一年に射程約七五マイル〔約一二〇キロ〕のコーポラルを開発したきりで、五六年に入っても、射程一五〇〇マイル級の中距離弾道ミサイル（ＩＲＢＭ）ジュピターがまだ実用段階には入れないでいた。

一方のソ連は、五六年までに射程五〇〇～八〇〇マイルの準中距離弾道ミサイル（ＭＲＢＭ）Ｔ１の実用化にこぎつけ、五四年以降は中距離弾道ミサイルの試射実験を盛んに行なっているとの情報が流れていた。

2

やはり言っていた通りになったではないか——。

五七年八月二六日。ソ連・タス通信発のニュースが、アメリカを揺るがした。「我が国は、大陸間弾道ミサイルの実験に成功した……」。ジャーナリストを目指すプライスがニューヨークのキングストンに落ち着いて、半年しか経っていなかった。ソ連はついに、居ながらにしてアメリカを破壊できる力を得たのだ。

続く十月四日、ソ連は史上初の人工衛星「スプートニク」の打ち上げにも成功する。こちらもまた、全世界に向けて大々的に宣伝された。十一月七日のロシア革命四十周年記念日には各種のミサイルが華々しくパレードに登場し、アメリカをしのぐに至ったソ連の技術力、軍事力をアピールした。

弾道ミサイルは、ひとたび発射されれば、途中で撃墜したり攻撃を阻止したりすることは不可能である。また、スプートニクの打ち上げは、アメリカが、何一つ防衛策のない宇宙からの攻撃にもさらされることを意味した。本土防衛において、アメリカは完全に無力化されてしまったのである。

3

「以下に掲載するのは、国家的な大惨事が差し迫っていることに警鐘を鳴らす強い発言と刺激的な内容にあふれた記事である。プライス博士は三十五歳で、現代科学に造詣《ぞうけい》が深く、二十一歳の時、マンハッタン計画に携わり[★2]、のちにハーヴァード大学で教え、ミネソタ大学で研究を行なってきた。全米科学進歩協会の会員でもある」

このタイミングが、ジャーナリストとしての最初の全国記事に結びついた。『ライフ』が一九五七年十一月十八日発行号で、プライスのために三頁を割いてくれたのである。

「ソ連の人工衛星が宇宙に打ち上げられて六週間が経った。

今回、我々は勝ち残ることができないかもしれない。

アメリカに暮らす我々はいま、裸の王様のパレードを通りに立って眺め、その衣装の美しさをお互いに褒め合っているアンデルセンのおとぎ話の登場人物のようである。ロシアに破れるという幾多の兆候を目の前にあからさまに突きつけられているというのに、いまだにそういったものが全く存在しないかのごとく装い、祖国の権勢と栄光ある未来を互いに向き合って褒め称えているのである。

歴史は、偉大な国家の隆盛と没落の物語にほかならないことを思い出してほしい。バビロン、バグダッド、コンスタンティノープル、あるいはローマ……。ドラマがどこで演じられようとも、そこここで同じ結末が繰り返されてきたのだ。豊かになり、それを誇り、贅沢《ぜいたく》を尽くす国家が一方で常に存在し、自分たちはすべてのことにおいてうまくやれるのだと勝手に信じ込んでいた。ところが、士気が高揚し、征服欲に燃えた異邦の屈強な敵が真っ向から勝負を挑んできたのであった。

今日、衣装も舞台も違っているが、役者は不思議と似ているように見える。

時間を一九四五年に戻して考えてみよう。当時、アメリカ合衆国は、他国をはるかに凌駕《りょうが》して力と特権と安全を謳歌《おうか》していた。ロシアは国土が戦争で荒廃し、原爆を持たず、空軍力は我々よりはるかに劣っていた。今日、両国家はほぼ対等である。我々はいまだわずかに先を行っている。それは事実である。しかし、重要なのは、ソ連が我々にどれぐらいのスピードで迫ってきているかである。

我々は、ICBM（大陸間弾道ミサイル）による危機を直接、目の前に見ることができる。今現在の時点で、ソ連の方がICBMで優位に立っており、ここ数年の経験からすると、彼らが本格生産を始めた段階では、我々が及ばないスピードで配備は進んで行く。それゆえに、彼らが我々の前を歩き続けることはほぼ確実である。

ここ数年のうちに実現が十分見込まれるICBMに対する防衛として唯一我々が持っている手段は、報復という脅威である。しかし、脅威に脅威で対抗する戦いにおいては、人命をより尊重するがゆえに、先に折れるのは常に我々の側であろう。もしもソ連が我々に十八カ月先んじてICBMの生産に入ることができたならば、戦うことをやめて、降伏する策を採ることになるであろう。我々はじわじわと弱められ、たとえ一度たりとも、一億人の生命を賭けた抵抗に打って出るということはしないだろう。

悲惨な状況がどのように進んで行くのか、ここで見てみよう。

第一段階。ソ連が二〇メガトンの弾頭を搭載し、正確に着弾するICBMを世界に見せつける。

しかし、ソ連側はこのように宣言する。「我々の意図は平和を維持すること以外の何物でもない。我々の過去の軍事行動は『戦争を挑発する』アメリカによってやむを得ずして行なったものである。いまやその脅威は取り除かれたわけだから、我々は真に平和的で、人間的な本性を明らかにすることができる。我々は軍隊の規模を縮減し、衛星国を解放する」

第二段階。ロシアは、我々に爆撃機の基地を提供してくれているすべての国に対して、引き揚げを求めさせるような圧力を加え始める。ソ連は、我々がソ連を先制攻撃しない限り、決してアメリカそのものは攻撃しないと宣言する。しかし、国際緊張を減らし、世界の平和を促進するために、ある期日以降も撤退しない場合は、ミサイルによって基地を破壊せざるを得ないと伝える。わが同盟国は、我々〔アメリカ軍〕の引き揚げを要求し、我々は不本意ながらそれに従う。

第三段階。ロシアと中国は世界の平和のため、ヨーロッパとアジアの他の国々の武装解除を要求する。従った国には、経済援助と完全な自由が報償として与えられる。抵抗する国は、いかなる国も蹂躙《じゅうりん》される。

第四段階。いまや世界をたやすく征服できるにもかかわらず、ソ連は、たった一つの願いは平和であると宣告する。彼らは国連管理下での世界の軍縮を提案する。我々のたった一つ取りうる道は、同盟国も海外の基地もないなかで、戦い、破壊されることである。それで我々は軍備縮小に応じる。一方、ロシアは、完全に世界の最強国になり、目的を達成するために国連の査察を巧みに操ることができる。

第五段階。ロシアは自国に膨大な武器がまだあることを明らかにする。ソ連は世界のすべての国にソビエト社会主義連邦共和国に入るよう要求する。この時点で、惨事は完成に至る」★3

プライスは『ライフ』の記事で、アメリカが無抵抗のうちにソ連に呑み込まれていくシナリオを段階を追ってシミュレートした。

「我々が今日の行動の仕方を根本から変えない限り、アメリカ合衆国は遅くとも一九七五年までにソビエト社会主義連邦共和国の一員となっていることも十分考えられる」「アメリカは衰退し続けている。……我々が〔第二次世界大戦後の〕ここ十二年の歳月を無駄に費やしている間に、共産主義世界は我々に追いつくに至った。我々にとっては、贅沢《ぜいたく》よりも自由に重きを置くべき時が近づいている。さもなければ、あまりに多くの偉大な国々がたどったような転落への道を突き進むことになる」

悲観論に満ちたプライスの訴えは、「我々はすでにソ連に立場を逆転された」と打ちひしがれるアメリカ国民により強い危機感を植えつけようとするもので、指導者の養成や国民の意識改革を求めてもいた。

4

記事の中身が象徴するように、プライスには、物事を悲観的にとらえ、先行きを悪く悪く予測する傾向があった。

『ライフ』の記事は、それがまさに時機を得て、掲載をみた。ところが、悲観的な物の見方は、ジャーナリストとしてやっていく妨げにもなりうる両刃の剣であった。

「(原稿を批評することで)私の感情を傷つけはしまいかと気にされる必要はありません。私のお気に入りの論評は、最も不快な批評、つまりラルフ・ラップからのものです。彼は、もしも自分が編集者だったら出版を取り消すだろうと書いてきました」[★4]

翌年になると、プライスは、原稿に批判を浴びせられた屈辱感を、相談役と頼んでいたミネソタ州選出の上院議員、ヒューバート・ハンフリー(のちの副大統領)に隠さずぶちまけるところまで追いつめられていた。泣き言とも捨て鉢とも取れなくはないこの手紙をプライスは、五八年六月二三日付で投函している。

プライスを論難する先陣に立った一人が、このラルフ・ラップであった。プライスと同じくシカゴ大学からマンハッタン計画に参加した物理学者で、核戦争で放出される放射性物質や市民防衛の専門家である。

「ソ連の大陸間弾道ミサイル(ICBM)は、五メガトンの核弾頭が実用化されているとみられ、二〇メガトン、一〇〇メガトンと威力を増していくことも考えられるが、現時点では、半径五〜一〇マイル内の命中精度を五〇%とすると、堅牢化されたアメリカのミサイルサイトを破壊し尽くすには相当数のミサイルが必要である。今後五年から十年間は、二〇メガトン爆弾を搭載した

我がアメリカの戦略爆撃機の、より正確な核攻撃で対抗できるという空軍の考えももっともである」★5

ラップは、五九年五月に発表した論文のなかで、「我々は戦略爆撃機でいまだ優位に立ち、核戦争にも生き残ることができる」という認識を押し出した。大戦中は原爆を無警告で日本に投下することに異議を唱え、その後も核の厳重管理を熱心に説いたが、彼は、ミサイルによるソ連の絶対的優位、ひいてはアメリカの隷属というプライスのシナリオとは全く正反対の立場を取っていた。

ラップの考えでは、ソ連の大陸間弾道ミサイルは精度が低いため、大都市のかなりの部分は深刻な被害から逃れ、核シェルターや地下室に退避することで生き延びられる市民もいる。だから、重要なのは、「核戦争を生き延びた人間が、その後も残る放射性物質からどう身を守るか」である。

「核戦争後の生き残り」に重点を置くこうしたラップの問題の立て方は、核兵器を手にした米ソ両大国がどのような駆け引きを演じるか、その過程で、アメリカの立場がいかに弱いかを軸に議論を進めるプライスとは、アプローチの仕方からして相容れなかった。

ラップが「アメリカは核戦争に生き残ることができる」と結論づけたのは、生命を危険にさらす放射性物質も、核爆発でピークをみた後は、時間を追うに従って減少することを示すデータからであった。核攻撃によって一平方マイル当たり二キロトンの核分裂性物質が放出されると想定し、一人の人間が浴びても大丈夫な放射線の許容量を一日二五レントゲン、一週間で一〇〇レントゲンとすると、ラップの計算では、シェルターの生存者は核攻撃から二、三日後には地下室に出て自由に動き回れることができるようになり、三日目には外の放射線量が一時間当たり一〇レントゲンまで減るため、建物の中で行動することもできるようになるはずであった。

ラップは、「核爆弾がメガトン級の威力を持ち、放射線降下物の問題も見逃せず、大陸間弾道ミサイルが開発されたいま、市民防衛は絶望視されているが、専門家は効果的な市民防衛は可能としている」というエピソードから説き始め、ミサイルの破壊力や放射線にかかわるデータを駆使したうえで、「核戦争から一週間後には、浴びる放射線量が四レントゲンまで下がるので、外界に出ることも可能になる」という見通しを打ち出した。核戦争をしてもいいという立場ではもちろんないが、ラップの現実的な見方、客観主義は、常にデータを根拠として結論を導き出すところに特徴があった。

ラップは、想定に想定を重ねて答えを見出そうと試みるプライスとは、その方法論においてまず、対照的だったのだ。だから、プライスが先行きを悲観し、『ライフ』に発表したような内容やスタイルで原稿を書き続ける限り、ラップがその原稿を「いたずらに危機感をあおるだけだ」と酷評したとしても不思議ではない。

5

プライスの原稿に現れていたもう一つの特徴は、悲観論ゆえの現実的提案にあった。

プライスに言わせれば、ソ連は交渉の余地のある相手であった。「このままではアメリカは、ソ連の属国になるか、世界を全面核戦争の破滅に追い込んでしまう」と危ぶみながらも、プライスは「ソ連は、取り引きできない相手ではない」との見方に至っていた。このころ、本を出そうと懸命だったのも、そういった考えをより多くの人たちに知ってもらうためであった。

「一、ソ連が常に基本計画に従う極悪非道のずる賢いマキャヴェリスト[★6]であるというイメージは、ばかげている。……〔ソ連の〕幾多の紆余曲折《うよきょくせつ》はほとんどが、我々を混乱させようとする戦略からきているのではなく、正真正銘、偽り抜きの優柔不断さだったのである。

二、モスクワの領土獲得は、二つのとるに足らない例外を除いては、ソ連の指導者たちが歴史的にロシアの一部であったと信ずるに至った土地を獲得する行為であった。さもなければ、ソ連は影響力の及ぶ限り領土を広げ、ソ連の衛星国と呼べる国は、ただの一つも存在しなかったであろう。

三、ソ連の指導者たちが心から平和と軍備縮小を求めているということについては、あらゆる証拠がある。とはいっても、もちろん彼らは世界の指導権を握ることを心底望んではいるのだが……

最大の希望はおそらく、戦争の危険を減らし、世界を幾分かより安定的な状態にする、部分的で一時的な解決である。これを成し得るために、我々は多くのアメリカン・ドリームを捨てざるを得ない。

私の心を占めているのはモスクワとの取り引きであり、主たる狙いは、アメリカとソ連が世界を戦争へと駆り立てないための双方の限定にある。これは、解放ではなく、明確に封じ込めの政策である。ソ連の東ヨーロッパへの影響力を認め、アメリカのラテンアメリカへの影響力を認めるものである。

モスクワと取引をする場合、もちろん得られるものを最大限に獲得する試みをしなくてはならない。モスクワは、はるか以前、ドイツの中立化と再軍備の放棄（オーストリアのように）を条件に、ドイツの一体化を提案してきたことがあった。〔東側にとっての〕東ドイツの経済的重要性を鑑みると、おそらくそれを成し遂げるには時期が遅すぎるであろう。だが、試みる価値はある。さらに、考えられることは、我々は、他の国々へのソ連の支配を認め、ヨーロッパからアメリカの核を引き揚げることを取引材料に、一つないし二つの衛星国、例えばハンガリーないしはチェコスロヴァキアに自由をもたらすことができるかもしれないということである。もしも中国の農業が劇的な形で早期に改善を見ないならば、食糧と引き替えに数多くの譲歩を引き出すこともまた十分あり得ることである。

もしもこのような部分的な安定が実現するならば、我々は徐々にながらもより良い世界秩序に向かって前進することができるであろう」

プライスが出そうとしていた本はもちろん、ソ連を擁護するものではない。ソ連側にも譲歩の用意がある、だからこちらもそれをふまえて交渉をやろうじゃないか、というのが、その基本姿勢である。盛り込まれていたのは、米ソ全面対決の核戦争を防ぐことを最優先に据えるべきだという提言であり、アメリカが賢いやり方を取れば、共産主義の拡大も、ソ連ブロックの拡大とそのまま結びつくものとはならないで済ませられるという認識であった。

しかし、そうした主張もまた、アメリカのジャーナリズムのなかでは形勢が悪かった。「私の難点は、一九五五年ごろからずっとソ連の軍備縮小に対するスタンスが、我々自身のものよりも褒めるに値するものであったと感じてきたことです」[★7]。自らも気づいていたことだったが、「ソ連の方がアメリカよりまともだ」と主張することは、そのまま「親ソ的だ」と批判されることにつながりかねなかった。出版社に話を持ちかけるうえでも絶対にマイナスである。

6

焦りにも似たプライスの気持ちをよそに、やはり出版社は冷たかった。

プライスが、出版予定の本に最初のタイトルを付けたのは一九五六年ごろのことで、順調にいけば、数年のうちに『アメリカの衰亡』[★8]が書店に並ぶはずであった。ところが、構想は実現しないまま、月日だけが過ぎる。『ライフ』に記事が掲載された直後の五八年一月には、ハーパー[★9]という別会社から「本を出さないか」との打診があり、プライスは大喜びしたが、その話もいつしか立ち消えになった。一九六〇年一月には、『ロシアと平和が実現できるか』[★10]というタイトルで、原稿を『ブリティン・オブ・ジ・アトミック・サイエンティスツ』に書き送った。が、そちらも待てど暮らせど載ることはなかった。最後に思い付いた本のタイトルが、『No Easy Way』であった。直訳すれば、「安易な道はない」とでもなろうか。プライスは、この構想と草稿をニューヨークの出版社ダブルデイ&カンパニー[★11]に送って返事を待った。

「親愛なるジョージ

私はたった今（大変遅れたことをお許しください）、あなたから提案のあった『No Easy Way』の修正草稿を読み終えたところです。深く、心から印象を受けました」

出版社からの返事は一九六一年十月三一日付で届いた。

「あなたが戻り次第、できる限り早くしたい二、三のちょっとした質問があります。編集上の質問というよりも、個人的な疑問という性格のものです。

あなたの分析は非常に冷静で、明晰だと思います。ただ一つ残る問題点は、正確を期さないといけないということです。さもなければ、あなたの議論の説得力は失われるでしょう。私には特に、思索を重ねた軍備縮小の提案や世界法の提案に見られるあなたの実際的なアプローチが気に入りました（ただし、採用される現実の見込みは全くないと言うべきですが）。同様に、『理性的な戦争政策』を見い出す試みにおいては道を見い出すことができない、というあなたのお考えは正しいと私は思います。最終章は、ノーマン・ヴィンセント・ピール[★12]の気には召さないでしょうが、これまで読んできたもののなかで最も理性的な予言のように思えます。陰鬱な道のりのなかに、かすかな光をトンネルの最後に見い出しているからです。

同封いたしましたのは、グッド・ブック[★13]、（つまり、フロイトの本です）を拠り所に、これらすべての問題の解決に取り組んだエーリッヒ・フロムの原稿のコピーです。フロムは中国について、いくつかの興味深い洞察を展開していますが、私にはベースにある前提が理性的な考察を拒んでいるようにも思われます。

私たちはあなたが取り組んでいるテーマに関係する一、二冊の本を出版しようとしています。一つはアーサー・ワスコー[★14]の『防衛の限界[★15]』で、ディヴィッド・リースマン[★16]の序文が付きます。もう一つはエドワード・テラーの手になる『広島の遺産[★17]』です。これで、あなたは私たちがあらゆる道を探索していることがお分かりになるでしょう。たとえ、それが容易ではないとしても」

「正確を期さないといけない」という言葉は、プライスの胸に鋭く突き刺さったにちがいない。ジャーナリストを志す人間にとって、これほど致命的な言葉はない。

手紙には、「出版のチャンスが全くない」とはひと言も書いていない。だが、このひと言で十分だっただろう。何度も断られ、挫折感を味わってきたプライスにとっては。出版が夢と潰えたばかりか、プライスは、物書きとしてのプライドまでも打ち砕かれたのである。

それは性分だったから仕方のないことだったのだろう。現状を悲観的にとらえ、将来を悪く悪く描かないではいられなかったことや、「ソ連とは取り引きできるはずだ」という現実感覚を持つに至ったこと。あるいは「ソ連には我々が思っているほどの悪意はない」という相手に対する評価……。ただ、その表現の仕方が、もしかしたら多少、率直に過ぎたかもしれない。もっと妥協や計算高さも必要だったかもしれない。いずれにしても、アメリカのジャーナリズムには、プライスの著作を受け入れる余地は結局なかったことになる。

「自分が書くことができたスピードよりも、世界の方がもっと速いスピードで変化し続けていた」[★18]。ジャーナリストをあきらめるための理由は、これしか見つからなかった。自分自身を納得させるにはあまりに簡潔すぎる理由をつくり出して、プライスは屈辱と挫折感を心の深みに沈めた。

第3章　愛も協力も見せかけだとしたら（一九六一—一九六九）

1

ジャーナリストへの夢を砕かれ、失意に打ちのめされたプライスだったが、シカゴ、ハーヴァード、ミネソタと主要大学を渡り歩いたその頭脳を、産業界は放って置かなかった。声を掛けてきたのは、コンピューター業界の最大手ＩＢＭだった。

ＩＢＭは、一九六〇年代には全世界でコンピューター市場の約七割を席巻していたが、それでも、他社が次々トランジスタに切り換えて技術革新を図るなか、真空管から乗り換えられずに一時的な遅れを取った苦い経験から、トップランナーとしての位置を維持すべく、新たな機種の開発に血道を上げていた。

プライスを顧問に採用した一九六一年の目玉は、「ＩＢＭ３６０」の開発であった。ソフトウエアとハードウエアを分離する構想を秘めた、コンピューターの概念そのものを変えるプロジェクトだった。

翌六二年になると、ＩＢＭはプライスを正社員として採用し、「ＩＢＭ３６０」の開発・応用に参加させる。実に総開発費五〇億ドル以上。アメリカ政府が原爆開発「マンハッタン計画」に投じた総予算の二倍を超える資金を投じてＩＢＭが行なった開発プロジェクトは、三年後の六四年四月七日に結実し、「ＩＢＭ３６０」は彗星のごときデビューを果たす。これまでは機種を変え、グレードアップするたびにソフトウエアも新たに作り直さなくてはならなかったが、「ＩＢＭ３６０」の登場は、ソフトをそのまま受け継いで使える時代の到来をも意味した。あらゆる処理に対応できる汎用機は、マックＯＳやウィンドウズ、リナックスといった、後《のち》のオペレーション・システム（ＯＳ）を先取りする形で、「ＯＳ３６０」もまた世に送り出した。

2

身を置いた先のＩＢＭにとっては大躍進の時代であった。だが、野心的なエンジニアにとってはよだれが出るような仕事も、プライスにとっては満足の行くものではなかった。もしかしたら社会に貢献しているという実感があまり感じられなかったせいかもしれない。「ＩＢＭ３６０」の発表から三年が過ぎた一九六七年、プライスはＩＢＭをやめる。母国に別れを告げる日が近づいていた。

アメリカを去る直接のきっかけとなったのは、甲状腺に見つかった悪性の腫瘍であった。プライスはシカゴ時代からの旧友を頼んで手術を受けたが、この手術が肩に痺《しび》れを残すことになった。彼は幼い頃に罹《かか》った小児麻痺《ポリオ》を引きずり、神経のダメージにずっと悩まされてきたのだが、それにもう一つの苦痛が加わった。プライスはその旧友の措置が痺れの原因ではないかと訴えを起こし、その結果、保険会社から多額の和解金を得ることになった。人生のさらなる転機となった英国行きは、その和解金を元手に頭をもたげてきたのだった。

プライスが、英国滞在にどれほどの期間を想定していたのか、はたまたアメリカを完全に捨てるつもりだったのか、そこのところは今となっては分かりようがない。だが、七年を超えた滞在ののちにロンドンで客死《かくし》したことを考え合わせると、アメリカを去った胸中には相当の覚悟があったものと見て間違いないだろう。

ジャーナリストの夢が潰《つい》えた時点で、アメリカの社会に対して幻滅を覚えずにいられなかったこともあっただろう。ソ連の立場に理解を示すに至っていたプライスにとって、アメリカの姿勢は、それそのものが批判の対象であったし、アメリカの社会が自分を理解してくれなかったという思いもくすぶっていたはずである。

3

生まれ育ったニューヨークを後にしたのは、一九六七年十一月であった。英国に着くなり、プライスは金持ちばかりが居を構えるロンドンのオックスフォード・サーカス近傍に住まいを構える。そんな場所で大きなフラット〔アパート〕を借りるだけの金銭的余裕があったのである。

「愛するベイビーたちよ。お父さんはもうロンドンをあちこち見て回ったよ。大英図書館だろ、自然史博物館付属図書館だろ。そしてロンドン大学付属図書館、ユニヴァーシティー・カレッジ付属図書館だ。さらには、ウエルカム歴史医学図書館、科学工学図書館にも足を延ばしたよ。近く、王立カレッジ図書館と王立動物学協会図書館にも行ってみるつもりだ」

アンナマリーとキャスリーンの二人の娘は、この頃、二十歳に近づいていた。離婚後、長く別居してきた娘たちにあてた最初の手紙で、プライスは今日はここ、明日はあそこと図書館で読書三昧していることを、ユーモアを交えて書き送った。

このころプライスの心を次第に占めつつあったのは、国家間の敵対関係に象徴されるような「対立」という現象を、生き物としての、より根元的な視点で捉え直したらどうなるだろうか、という問題意識だった。

核兵器を手にするに至った人類は、相手を全滅させ、自らもまた全滅する危険をあえて抱えながら、波間に揺れる木の葉のようなおぼつかなさでかろうじて均衡を保っている。ところが、他の動物に目を向けたならば、生き物たちの世界にももちろん激しい対立があり、一匹のメスを奪うためにそれこそ死闘を繰り広げる種《しゅ》もあるが、不思議と彼らは相手を殺したり、致命的なけがを負わせることがない。それでいて雌雄を決している。

図書館から図書館へと渡り歩いていたプライスの頭の中を占めていたのは、「動物は決定的な衝突を避けるための何らかの仕組みを持っているのではないだろうか」との問題意識であった。

そんなある日、プライスの目に止まった一篇の論文があった。タイトルは「社会行動の遺伝的進化」★1。筆者は、ウィリアム・ハミルトンという英国の理論生物学者である。

4

それは、まさにハンマーで頭を殴られるような衝撃だった。

論文の眼目は、生き物の「利他行動」の解明にあった。「利他行動」とは、ひと言で言えば、わが身を犠牲にしてでも仲間を助ける行動を指す。

進化論の父チャールズ・ダーウィン★2によって示された生物像は、生きとし生けるものすべてが個体同士で熾烈《しれつ》な生存競争を演じるという非情な世界だったが、一匹一匹、一頭一頭が生き残りを賭けた戦いを日夜、繰り広げているはずの生物界にあって、互いに協力し合い、助け合いながら生きる生物が、実は例外というにはあまりにたくさんいることもまた知られていた。ダーウィンの学説はこの「利他行動」が説明できず、苦慮していたのである。

子孫を残さないのならば、我が身の犠牲を厭《いと》わないのならば、そもそも生存競争に参加していると言うことはできない。生存競争から逃れ、蚊帳《かや》の外にいられる生き物がいるということ自体が、ダーウィン理論の破綻を意味するのである。

斬新な論文のなかでハミルトンが目を付けていたのは、そうした犠牲的精神にあふれたアリやハチの働き手が、女王（母親）を同じくする姉妹同士であり、なおかつ互いに四分の三という非常に濃い血でつながっているということだった。

働き手が仮に自分の子供を産めたとしても、娘にも息子にも二分の一、つまり半分しか自分の血を伝えられない。ところが、自分の姉妹を守れば、自分の血の四分の三を守ることができる。働きアリや働きバチが同じ母親から生まれた自分の姉妹を命を捨ててでも守るのは、その血の濃さにあるのではないか――。それがハミルトンの斬新な発想であった。

血縁の濃さが互いの連帯を生み、虫たちに社会を作り出させた。ハミルトンはそれを「包括適応度」と呼んで数式化し、検証を経て導き出された新しい進化理論を「血縁淘汰理論」と名づけていた。

話には先がある。むしろ、そこから先の部分が、プライスにショックを与えた肝心《かんじん》要《かなめ》の部分である。

血の濃さとはすなわち、受け継がれていく遺伝子の比率に他ならない。つまり、アリやハチといった社会性の昆虫たちは、自分自身が生き延びなくても、自分の遺伝子がより多く後世に受け継がれていくのならばそれをよしとして行動しているようなのである。すなわち、個体の側から見れば「助け合い」であり、「生存競争の放棄」である行為も、視点を遺伝子に移すと、遺伝子が互いの間で繰り広げている「生存競争」に他ならず、「より適応した遺伝子が選び取られる」

という点で、ダーウィンの描く適者生存の進化論と何ら矛盾しないことになる。自然界では、個体の生き残りが大切なのではなく、特定の遺伝子の生き残りこそが重要だとも言えるのである。

ハミルトンの理論は、結局はそこに帰結する。ダーウィンは、創造主の座を神から生き物そのものにすげ替えたが、ハミルトンの理論は、さらにその座を遺伝子に明け渡す発想の大転換を促したのである。

5

アリやハチのような虫たちが協力し合うのが、遺伝子に突き動かされた結果だとすれば、そこにはもともと、姉妹間や母子間の堅いきずなや純粋な愛情といったものは存在していないことになる。

アリやハチばかりではない。生き物があまねく遺伝子に動かされているのだとすれば、我々人間が培ってきたはずの「信義」や「人徳」という崇高な精神や、「友情」や「愛」といった代え難い感情までが、その本質を問われることになる。我々は、愛だ友情だとよく口にするが、それは自分勝手に頭のなかで信じ込んでいるに過ぎず、そうした思い込みによって動くように仕向けられているだけかもしれないのである。

人が人を愛することも、理由は遺伝子がその人の体内にある遺伝情報を後世に引き継ぎ、遺伝子自身が永遠の命を得ようとするためなのだと聞かされたら、それをいったいどうやって受け止めたらいいだろう。親が子供を守るのは、子供本人が大事なのではなく、実は自分が子供に受け継がせた遺伝子の大切さゆえなのだ、ということになれば、これから先、どのような気持ちで家族と接すればいいのだろう。

6

ハミルトンの論文を目にした時、プライスは真っ先に「どうか間違いであってほしい」と願わずにはいられなかった。

「この限定された身内びいきの利他主義が、進化が達成した最高の、そして最良の『思いやり』なのだろうか。それならば、人間性や慈愛の展望も荒涼としたものではないか」★3

本人が漏らした言葉だけではない。プライスのその後の行動もまた、受けた衝撃の大きさを物語っている。「このウィリアム・ハミルトンなる学者に直接コンタクトを取らなくては」と、すぐさま手紙を書いたのである。

英国に住み始めてわずかに三カ月後、一九六八年の三月に、ハミルトン宛ての最初の手紙は差し出されている。

「図書館で目を通して中身を吸収するには、あなたが論文で使われている数学は少しばかり難解すぎます」

プライスが最初にハミルトンに求めたのは、じっくり論文を読んで内容を精査できるよう、論文を出版し直してもらうことであった。

思い詰めて出した手紙だった。にもかかわらず、ハミルトンから送られてきた返事は何ともそっけなかった。自分はちょうどブラジルに旅立つところで、調査のために九カ月の間ブラジルに滞在しなくてはならない、自分の最近の研究はこの論文をめぐる議論を深めるためには役に立たないであろう、といった内容であった。

九カ月間、ハミルトンは英国からいなくなる。会えるとしてもその後だ。このような状況ならば、じたばたしていても仕方がない――。これまで物理、化学で培ってきた数学的知識を駆使して、プライスは、ハミルトンの理論を検証する作業を自らの手で始めた。

しかし、答えを出すまでに、そう長い時間はかからなかった。この年の夏までに、ハミルトンの方程式と同じ結論に到達する道が見つかった。そして、ハミルトンが描き出した世界の正しさが、確認されたのである。

もちろん、プライスは、それを喜ぶ気持ちになれなかった。プライスを計算に駆り立てたものは、世界はハミルトンが見出したものとは違ったものであってほしいという願望であり、ハミルトンの理論に誤りを見つけ出したいという衝動だったからである。

ハミルトンの結論は誤りではなかった。だが、プライスは、ハミルトンの手法には不完全なところがあることもまた発見した。

「あなたの論文を読んで、ショックを受けました。はたしてその同じ結論に至るのか、即座に自分自身でも試みてみました。細かい食い違いは見つかりましたが、あなたの考えに間違いないことが、疑いのない形で判明しました」[4]。その夏、プライスはブラジルにいるハミルトンにわざわざ手紙を送り、「血縁淘汰」の考えに最初は受け入れがたいものを感じたが、検証した結果、正しいことが分かったと、まずは断りを入れた。そのうえで、プライスは、自分が見出したハミルトンの不完全さを「あなたが論文で明らかにした主たる結果の、より平明な（しかしちっとも厳格さを失わない）導き出し方と、そのための方程式を見出しました」という調子で切り出した。「この手紙はいったい何を意味するのだろうか」。ハミルトンの方は多少なりとも面食らわないではいられなかったはずである。面識のない人間から突然、手紙が届き、あなたの論文をじっくり読みたいから改めて出版し直してくれと頼んできたかと思うと、地球の反対側のブラジルまで手紙で追いかけてきて、もって回った言い回しで、あなたの論文を別の形で導き出す方程式を見つけたと報告してくる。

7

そのこうするうちに、ハミルトンがブラジルから戻る日がきた。一九六九年も七月下旬になっていた。プライスは再度ハミルトンに手紙を送り、ハミルトンの方程式が持つ欠陥を指摘した。ただし、極力へりくだった、紳士的な印象を相手に与えるよう、文面は練りに練って書いたつもりであった。

「私は望みます……あなたからご親切な手紙をいただいたゆえに。また、あなたが成し遂げた仕事を尊敬しているがゆえに。そして、だれもがいたるところで間違いを犯しているがゆえに。だから、あなたが人前で恥ずかしい思いをしないようなやり方で出版されることを私は望むのです」

何とも回りくどい言い回しながら、プライスはハミルトンに修正を求め、自分の電話番号と会うのに都合の良い日時を添えてハミルトンに差し出した。

プライスから手紙を受け取ったハミルトンは、受話器を取ってその番号を回したが、電話口に出たプライスは、「私にとって驚きでした。あまりに、とても奇跡的なことでした」と、自分が見つけた方程式についていきなり語り出した。自分の方程式についての説明を終えると、今度はハミルトンにこう聞き返したのである。「私の見出した方程式が、個体の選択〔淘汰〕と同じく、グループ選択をも記述できることにお気づきになりましたか」

ハミルトンは、電話に出た相手が、キーキー声で、恩着せがましくて、用心深い話し方をすることに気を取られていたうえに、相手が電話口で何を言おうとしているのか、はっきり言って分からなかった。

グループ選択という言葉に、まずもってハミルトンは懐疑的になった。自分はグループ選択の見方を完全に捨てたから、血縁淘汰の理論を見つけることができたのだ。グループ選択には今も検討の余地はない……。

しかし、プライスは執拗だった。そして、ハミルトンに対し、彼の方程式に欠陥があることをいま一度、検討し、方程式そのものを考え直すよう求め続けた。

電話で交わした初めての会話は、互いの緊張関係を生み出しただけで終わった。ふつうの人ならば、電話口でぶしつけなことを言う見も知らずの男のことなどはすぐに忘れて、二度と接触を図らないに違いない。だが、ハミルトンは違っていた。この電話の後、プライスから送られてきた原稿をもとに自分の方程式を再点検し、プライスが意味したところを理解しようと机に向かったのである。

抜群の数学的センスを持っていたハミルトンが、プライスの言わんとしたことをつかむまでに、そう長い時間は必要としなかった。プライスの頭脳は驚きであった。

「彼〔プライス〕から送られてきた原稿を見て私が見出したものは、私の『血縁淘汰』の派生物でも、私の理論の修正でもありませんでした。それはむしろ、いかなる選択にも適用できる、見たこともない新しい形式でした。プライスのアプローチの中核は、私が今まで見たことのない共分散の公式で、私が知るこれまでのどのような選択理論の記述にも依拠していないことは明白でした。プライスは、選択に興味を覚えたその最初から、私たちのように先人の業績を調べるところから入るのではなく、すべてを自分自身でやってのけたのです。そうするうち、彼は自分が新し

い道を見出したことに気づき、驚くべき風景のただなかに自分が立っていることを知ったのでした」★5

自分が不十分だったことを認めざるを得ないことを悟ったハミルトンは一九六九年十二月に、プライスに宛てて手紙を出した。「あなたが原稿のなかで引き出している方程式に、私は魅せられました」

それからさらに一カ月後、ハミルトンは「私は、この一般的な方程式に、人々がグループ選択の研究に活用できる方法を見ることができます」と再度書き送った。

第4章　悪意の生物学（一九六八―一九七〇）

1

プライスの方程式は、実は、進化をハミルトンとは違った書き方〔数式〕で表しただけではなかった。自分の方程式が、もう一つ全く別の現象を予測させることに気づいたのは、他ならぬプライス本人だった。「悪意」。プライス自身は、その現象を「spite」★1という言葉で表現した。

何がいったいどんな悪意を持っているというのか。

一般に「悪意」という言葉は、道徳的な批判の意味で使われている。だから、科学者は通常、「悪意」などという言葉は使わない。科学の論文や研究で使うには、あまりに主観的な意味合いが強すぎるからだ。

だから、「何か悪意にかかわるものがあるんだ」と切り出したプライスには、さすがのハミルトンも「何にかかわるものだって?」と、言葉の最初から戸惑わないではいられなかった。

話がつかめないでいるハミルトンを尻目に、プライスはさらに「意地の悪さ……悪意ある行動」と続けた。が、この時、ハミルトンの方にもプライスに対して言いたいことがあった。「お言葉ですが、あなたは私に送ってくれた論文で、利己性についても扱ってはいなかったじゃありませんか。あなたは実際のところ、血縁淘汰のことも何にも議論していないじゃないですか」。そのハミルトンの言葉が、自分の理解を問いただすように聞こえたのか、プライスはそれ以上この話題を持ち出すことをやめた。進化上の「悪意」をめぐる会話はそこでいったんぷっつりと途切れることになった。★2

科学に馴染みがない、奇抜ともいえる言葉を承知のうえで使ったとすれば、それにしてはお粗末なことに、プライスはこの時、ハミルトンにさえもその言葉の意味するところをうまく説明できなかったのである。

2

プライスが、進化を数式化するに当たって用いたのは、数理統計学で用いる「共分散」であった。

共分散とは、平たく言えば、二つの値を比べ、互いの関係性が深いのか、それとも関係がないのかを計るものである。例えば、雨の量と気温の値が分かっていて、気温が高い時には雨の量も多いことが分かった場合には、共分散はポジティブ（正）な関係にあり、反対に気温の高いときに雨の量が少ない場合には共分散はネガティブ（負）な関係にあることになる。もしも気温の上がり下がりが雨の量と全く無関係だとすれば、共分散の値は限りなくゼロに近づく。

プライスは進化を、共分散の記号（C）を使って表した（1式）。

$$E(w)\Delta E(z) = C(w,z) + E(w \cdot \Delta z) \quad (1式^{★3})$$

この式のwとzをそれぞれ「選択」と「形質」に設定すれば、どのような形や性質の違い（形質）が子孫の繁栄（選択）につながるかを読み解くことができる。式を展開すると、「二つの個体の関係が近い」場合には、「相手に利益を与えることが子孫の繁栄につながっていく」という結果が導き出される。これはハミルトンの血縁淘汰理論と同じことを意味する。ところが、プライスの方程式では、「疎遠な相手に害を及ぼした」場合においてもまた、「子孫は繁栄できる」という結論が同時に導き出されるのである。[★4]

プライスが「悪意」と呼んだのはまさにそのことであった。「悪意」が繁栄の原動力になる――そんなそら恐ろしい結論がこの方程式から産み落とされるのである。

ハミルトンの方程式（2式）は、この点で発想が全く違う。ある個体がわが身を犠牲にすることで生まれる仲間全体の利益から、その個体が犠牲になったことの損失を差し引いて、おつりがくれば、子孫は繁栄できるという考え方を取っている。

$$\text{個体}A\text{の包括適応度} = W_A - C + \sum_i r_{Ai} \times B_i \quad (2\text{式})$$[★5]

ハミルトンの方程式は、確率と損得勘定の手法を用いたがために、端《はな》から「助け合い」と、「助け合いによる子孫繁栄」というポジティブな側面だけに光を当てていた。逆の見方をすれば、プライスは統計学から出発したから、「プラス」と「マイナス」の両側面を一度に見てしまった。だから、プライスが「何か悪意にかかわるものがあるんだ」と、自分の方程式を説明し始めたのに対し、ハミルトンの方は、いったい何のことかさっぱり分からなかったのである。

プライスは、自分の方程式が、とんでもない結論を導き出してしまったことに気がついた。社会の維持・発展は、数式上、身内同士で助け合うことでも、反対に疎遠な者を傷つけ、なきものにすることでも実現するのである。仲間同士の助け合いも、疎遠な者への迫害や阻害も、ともに進化のなかに組み込まれ、生き物を動かしてきた……。より直接的な言い方をすれば、遺伝子を生き延びさせるために、我々は、関係が近い同士守り合う「善意」と同時に、血のつながりが薄い、遠い関係にある相手を傷つけ、追い落とす「悪意」もまた生まれつき持っているかもしれないのである。

3

相前後するが、共分散を用いた方程式を見出した直後のプライスは、しばらくの間、「これは発見と呼ぶにはあまりに簡潔すぎる」と思いこんでいた。自分が導き出した結果は、本当に正しいのだろうか。確かめる手はずはないだろうか。そうした思いである日、ユニヴァーシティ・カレッジ・ロンドンに属するゴールトン研究所の門を叩いていた。

ユニヴァーシティ・カレッジ・ロンドンはロンドン大学を成すカレッジの一つで、ゴールトン研究所は、ダーウィンの従兄弟フランシス・ゴールトンが創設した研究施設である。[★6]

「私はどなたか数理遺伝学者の方とお話がしたいのですが……」。一九六八年六月、研究室を訪ねあてたプライスに応対したのは、尊敬を広く集めていた生物統計学者のセドリック・スミス[★7]であった。

「これはとても興味深い。とてもすばらしい。このような式はいまだかつて見たことがない」。スミスはわずかな時間でプライスの数式の斬新さをのみ込んだ。

それからの反応は素早かった。スミスはプライスを学部長のもとに連れて行き、隣の人物がいかに優秀な頭脳の持ち主かをとくとくと説明したのである。わずか一時間余りで結論が出た。ユニヴァーシティ・カレッジ・ロンドンは、プライスの天才的頭脳を認め、そのまま研究者としての待遇を与えたのである。[★8]

研究に没頭できるオフィス、そして、大学の研究者という肩書きを得て、プライスはさらに研究を深めるべく新たなスタートを切った。スミスとの出会いがもう少しでも遅ければ、プライスの生活は破綻をきたしていたかもしれない。保険会社から受け取った和解金はほとんど尽きようとしていたし、甲状腺ガンの手術を受けてから痛みを感じるようになった肩は再び悪化し、神経を痛めつけていた。

ほどなくアメリカに残してきた母親が重病に倒れ、翌一九六九年三月には悪化の知らせが届く。プライスは、飛行機で一度、ニューヨークに戻ることにした。

それまでに生物学の知識は相当に蓄積されていたから、母国のハーヴァード大学には、気鋭の集団遺伝学者として名を上げつつあったリチャード・レウォンティン★9がいることも頭のなかにあった。ぜひレウォンティンにも会っておきたい。持ち前の行動力で、プライスは彼と会う算段を付け、自分の研究を売り込むべく、準備をして出かけた。

ところが、この対面は、プライスの心に挫折感を残しただけで終わった。プライスは、自分の考えをうまく伝えられなかったばかりか、レウォンティンに全く理解もされずに終わったのである。英国に戻る途上、プライスは自己嫌悪の人であった。「アメリカ」はまたもや彼を冷淡に扱ったのである。

4

時間はかかった。しかし、ハミルトンの方はプライスのいう「悪意」のことをじきに理解できるまでになった。いまやプライスの独創性をはっきりと見出したハミルトンは、何とかして彼の研究を世に知らしめたいと願っていた。ハミルトン自身、血縁淘汰という斬新な理論を生み出した当初は、だれからも理解を得られず苦しんだ口である。理解されないということがどれほどつらく孤独なものか、自分が身をもって体験しているだけに、プライスをもり立てようという気持ちもまた強かった。

二人で額を寄せ合った末に考えついたのは、最も権威ある科学雑誌『ネイチャー』に、論文を載せるための算段であった。それにはまず、プライスが、自然淘汰についての彼の新しい方程式を論文の形で提出する。それから一週間後、ハミルトンが、プライスの方程式を使って、彼の理論の改訂版を提出する。プライスは全くの無名だが、ハミルトンはすでに生物学の分野では認められた人物である。この方法であれば、プライスの論文の独創性が認められる一方で、ハミルトンも自分が傷つかずに論文をただすことができる。

『ネイチャー』に出したプライスの論文は、すげなく送り返されてきた。編集者は、審査を受けるまでもなく、掲載に値する論文ではないと門前払いしたのである。一方のハミルトンの論文の方は、予定通り一週間後に発送されたのち、受理された。

ここに至ってハミルトンは「残念ながら、私は論文を撤回せざるを得ません。というのは、私が論文のなかで使い、引用もしている強力な新しい方法は、最近『ネイチャー』から掲載を拒否され、その方法がどこかで公表されない限り次のステップへ進めないからです」という手紙を『ネイチャー』に差し出した。次にハミルトンのもとに『ネイチャー』の編集者から電話があっ

た時には、「プライス博士に連絡をつけたいのだが、電話番号を教えてほしい」との照会であった。[★10]

二人の目算は大当たりだった。『ネイチャー』にとっては、ハミルトンの論文を生かすためには、プライスの論文を先に公にし、ハミルトンが活用した方法論を示しておかなくてはならないのだ。

生物学の分野でプライスが初めてものにした論文は一九六九年十一月十二日に受諾された。「選択と共分散」[★11]というタイトルで『ネイチャー』に掲載されたのは、一九七〇年八月一日である。「(私の知る限りにおいて、)この方程式[★12]のようなとても簡潔な式がこれまで認められてこなかったことは、驚きのように思える。おそらくこれは、選択の数学が、主として二倍体の種の遺伝学的選択に限定されてきたことによるものであろう。二倍体の種では、共分散は非常に単純な形を取るために、その暗に示された存在は非常に認められづらいのである。(もしも人間が四倍体であったならば、共分散はもっとずっと以前に認められていたであろう)。共分散(ないし回帰、または相関関係)を認めることは、数のうえでの計算には利さないが、進化を論じるとか数学的モデルを作るためには役立つのである。

いくつかの遺伝的な選択のケース(グループ選択といった)や、非遺伝的選択の数多くの形には、ここで示したものよりも、もっと複雑な数学が必要とされるであろう。私は目下のところ、これらの事象、さらには他の事象についても論文において議論すべく準備しているところである。

C・A・B・スミス教授のご助力と、科学研究協議会の資金援助に感謝を捧げる。

ジョージ・R・プライス　ゴールトン研究所、ユニヴァーシティ・カレッジ」

アプローチは、全くの独創だった。それがために、この論文には、引用がただの一箇所もなかった。

5

プライスの研究を世に出すためでもあり、自身の誤りを訂正するためでもあった、この同じ年に『ネイチャー』に発表した論文「進化モデルのなかの利己と悪意の行動」[★13]で、ハミルトンはプライスが見出した「悪意」をついに生物学に登場させた。

「動物が同じ種同士で攻撃し合う場合には、なわばりから追い出すといったことや、場合によっては相手を殺してしまうこと、さらには共食いといったことも珍しくない。生物学的には利己的行動の例と言えるかもしれないが、この効果には二つの側面がある。勝利者にとっての（適応度における）利得と、犠牲者が被る損失である。『最も適応したものが生き残る』という、進化論のなかでも議論が百出したキャッチフレーズを考えてみても、相手に与えられた危害は常に、単なる生存のための適応の不幸な結果ではないかと見過ごされてきたように思える。……以前〔の私自身の理論においては〕、悪意は可能には見えなかった。しかし、別の論法では、悪意は選択され得る。独自に編み出した、より一般的な分析の形で自然淘汰を表わす新しい公式を使って、ジョージ・R・プライス博士は、同じ結論に達した。私はこの論文で、プライスの未発表論文と私自身の研究成果を総合した成果を報告する」★14

プライスから初めて「悪意」について聞かされた時、戸惑い以外の何も示さなかった人物とはまるで別人のように、ハミルトンはこの論文で「進化に組み込まれた悪意」の数式化に挑み、その擁護者を演じている。

ここでハミルトンがいう「悪意」とは、自身には利益にならないのに、〔同じ種の〕相手を害する行動を指す。極端に言えば、仲間同士の無益の殺し合いである。

ハミルトンが論文のなかで挙げた実例は三つあった。一夫多妻制で乱交の性質で知られるある種の鳥のオスは近傍の仲間を攻撃すること、ある種の蚊の幼虫は常に共食いをし、さなぎになる直前には相手を食べずにただただ殺してしまうこと、トウモロコシの実に付くある種の幼虫は、自分がいったん実の中に潜んでしまうと後から入って来ようとする相手をみな食い殺してしまうこと——★15。

6

人間の本性について特別に関心がない人でも、このような衝撃的な現象が生き物の間にあることを知れば、「それでは我々人間はどうなのだろう」と想像したくもなる。

プライスと緊密に意見交換を重ねていたハミルトンが、この「進化上の悪意」を人間にあてはめる論文を発表したのは、五年後の一九七五年であった。

ハミルトンは、民族差別のように時に純粋に人間の文化的問題として扱われていることが、我々の動物としての過去に深く根ざし、それゆえに直接に遺伝子の作用の下にあるかもしれないことを、この論文のなかで示唆するに至った。★16

ハミルトンは、「ありえそうだ」という可能性の域で踏みとどまった。が、現実に、人間の戦争状態や民族間の対立は、見方によっては、トウモロコシに付く虫や蚊の幼虫にもひけを取らないほど残酷で、無益な行為のようにも見える。「無益の殺し合い」ほど、人間の歴史にぴったり当てはまる言葉はないと言っても過言ではない。だが、もしもそれが遺伝子に根ざした生物的な現象なのだとしたら……。人はおぞましい性質をもともと持って生み落とされているということになる。それを払いのけることは生涯できない――ということにもなりかねない……。

この問題を、プライスの方はどう受け止めていたのだろうか――。

第5章　我々が闘う理由《わけ》（一九六八―一九七三）

1

自分の式の示すところが正しいとすれば、「悪意」というものは、進化のなかに組み込まれていることになる。だとすれば、生き物が日々、演じている戦いや対決といった行動も、新たな視点で捉え直さなくてはならなくなるのだろうか。

むしろこの「闘い」こそ、プライスが解明しようとしていたテーマであった。

「動物は、メスを奪い合うために、それこそオス同士が生死を賭けた熾烈《しれつ》な戦いを演じる。だが、不思議と相手を殺したり、決定的なダメージを与えることは稀である」。それはなぜなのか――。

その問題意識こそが、英国に来た当初のテーマだった。

2

独創に富んだプライスの頭がはたと思いついたことがあった。それは、ジャーナリストを志した一九五〇年代に、米ソの対立を緩和させるために持ち出した「互いの得を考え、交換によって解決する」という発想の応用であった。

自分も相手も、おのおの自分の利益に乗っ取って合理的に行動すると仮定してみたらどうだろう。そのうえで利益と損失を計りにかけつつ対立やジレンマを解決していくのだとすれば、どうなるだろうか――。

これは、実は「ゲーム理論」の考え方そのものである。

ゲーム理論とは、互いの思惑、利益、損失を合理的に計算しながら、相手がどう出てくるか、そう出てくるなら、こちらはどう対処するのが、より多くの利益につながるかを想定して行く手法である。あくまで想定に想定を重ねるが、「利益を合理的に追求する」というところが、学問として成り立つミソである。核戦争の回避を真剣に考えていた時代のプライスにとっては、片方の側はアメリカであり、もう一方はソ連であった。

ゲーム理論においては、絶対的な答えが最初からあるわけでも、自分一人でそれを出せるわけでもない。相手があって、相手の行動、考え方を計算に入れたうえで初めて、自分がどう対処すべきかの答えが出せる。

自然界はあまりに複雑で多様だ。だが、仮にタカ派とハト派の二つのタイプに分けてゲーム理論を当ててはめてみたらどうなるだろうか。「攻撃性」ということが焦点になっているわけだから、タカ派は「好戦的な性格」を代表し、ハト派は「平和主義者」を表わすことにする。

まず、ハト派ばかりが集まっている集団を想定してみる。この集団は一見とても平和で、争いも起こらないために理想郷のように見える。ところが、いったん一匹でも戦いを好むタカ派が乱入して来たら、そこは一変、地獄と化す。タカ派はたちまちのうちにハト派を一匹残らず駆逐するか、あるいは滅ぼすかしてしまう。わが世を謳歌《おうか》していたはずのハト派一族は、平和のもろさを痛感しつつ自分の生き方（戦略）を後悔することになる。

ハト派だけの集団がいかに不安定かということが、ここで分かる。

では、タカ派ばかりの集団ならばうまくいくのだろうか。新たな侵入者を簡単に撃退できるから、こちらは一見、頑強な集団のように見えなくもない。

ところが、常に戦いを仕掛け合うタカ派だけの集団は、互いに相手を傷つけ合い、終わりなき戦いに明け暮れることになる。下手をすると最後の一匹だって、戦いで深手を負い、子孫を残すことなく命を落とすことになるかもしれない。だから、タカ派だけの集団も、これまた安定的ではないのである。

これは極端に単純化した見方ではある。だが、タカ派だけの集団でも、ハト派だけの集団でも、安定した関係を築くことができない場合がありえることがまず分かる。

次に話を少しだけ複雑にしてみる。

例えば、互いにタカ派同士が戦ったとしても、わずかなけがで終わる場合もあれば、極端な話、命のやり取りに直結する場合もある。そのダメージの大小や、反対に、相手を排除したことで得られるえさの多寡やメスの獲得といった利益の大きさを数値化して入れてやるのである。そして今度はタカ派とハト派が混じり合っている集団でのシミュレーションにする。

戦いで受けるダメージが非常に小さい場合、例えば、仮に戦いに負けたとしても、すぐに新しいえさを見つけに出かけられるほどの軽傷で終わるような場合には、タカ派はどんどんと勢いを増すことができるが、ハト派の方はタカ派にどんどん駆逐され、立ち直れないほどのダメージを受けてしまう。このような状況ならば、ハト派は数を増やすことはできないが、タカ派は勢力を拡大できる。

では、戦いで受けるダメージが、得られるえさよりも大きい場合を想定するとどうなるか。ダメージがある一定の大きさを超えると、今度はタカ派も勢力を増やすことができなくなる。それは、わずかのえさが取れたところで、全く割に合わなくなるからだ。

だから、戦いで受けるダメージがそれなりに大きい場合には、ハト派だけでもタカ派だけでも集団は安定しないし、ハト派も勢力を増すことができない代わりに、タカ派だって勢力を拡大することができない。それは裏を返せば、タカ派とハト派の両方が自然と、ある一定の比率で混在することを意味する。タカ派とハト派が両方とも一定数いるところではじめて、集団が成り立つことを意味するのである。混在することによってしか、互いの安定は図れないのである。

この関係を示す数式に、ダメージの大きさなどを入れてやると、タカ派、ハト派、それぞれがどのような比率ならば集団が安定するかが割り出せる。

割り出された結果は、一つの集団のなかにタカ派とハト派が混じり合う比率でもありえるし、ある時は強面《こわもて》で臨み、別な時は相手を見て逃げるというように一個の個体が取りうる態度の頻度と捉え直すこともできるだろう。そうした相手に臨む時の態度、言い換えれば「戦略」を組み合わせることで、自分が勝つことはできないが、相手に負けることもないという状況を保つことが可能になる。

3

この考え方を今度は「進化」に当てはめたらどうなるだろうか。最初は混沌としたなかに、雑多にハト派とタカ派が混じり合っているような状態であろう。タカ派が勢いを増したり、タカ派同士が戦いに明け暮れ、ハト派が息を吹き返したりすることが何度か繰り返されたことだろう。だが、何匹対何匹というハト派とタカ派の比率は、最後には、先に見たような一定値に落ち着くことになる。それが安定をもたらす比率だからだ。そしていったんその比率に落ち着くと、突然、タカ派がそこに入り込んで勢力を伸ばそうとしても、元に戻る力が働くから、両者はまた元の割合に復元することになる。

ゲーム理論を生き物同士の対立関係に持ち込むことで、プライスは進化の一側面はこの「安定への方向性」でとらえることが可能ではないかと考え始めた。生き物は、できるだけダメージを少なくし、一方で利益を引き出せるように「合理的に」行動しているのではないか——。仲間同士が生死を分ける決戦を演じないわけは、まさにここに見出すことができるのではなかろうか——。

そこでの攻撃性は、「悪」でもなければ、このころコンラート・ローレンツら動物行動学者が提唱していたような「善なるもの」でもない。生き物に「善」とか「悪」が内在するという考えの枠組みから解き放たれて、強いて言えば「生き残りたい」「傷つきたくない」という損得勘定で行動しているという見方に傾くことになる。

4

ゲーム理論を生物学に応用することで得られた成果を、プライスはさっそく、「シカの角、内部特定的な闘争、そして利他主義」[★1]というタイトルを付けて『ネイチャー』に送った。一九六八年七月末のことである。ところが、この新しい発想が世に出るまでには、共分散を使った方程式よりもさらに多くの紆余曲折を経ることになる。

『ネイチャー』はプライスの論文に好意的な反応を示し、翌六九年二月には「論文の内容を精査して字数を減らす」ことを条件に、受諾することを伝えてきた。しかし、今度はプライスの方が応じなかった。というよりも、態度を鮮明にしなかったのである。「それならいやだ。載せないでもらっていい」と申し出を拒むわけでもなく、かといって書き換えて送り直すわけでもない。そのうちに、日一日、一年また一年と月日が経って行った。

このあたりのプライスの態度は不可思議でもある。科学者としても、世間的な意味でも、成功を望むのならば、『ネイチャー』の求めに前向きにこたえるのがベストである。何といっても相手は、数ある雑誌のなかでも最高権威の科学誌なのだ。

しかし、短くすることで自分の意図したことが十分に伝わらないと考えたのか、修正を求められたことで自尊心を傷つけられたのか、いずれにしても手直しに気が向かない状態で、時だけが徒《いたずら》に過ぎていった。

5

論文は宙ぶらりんのまま、一九七一年を迎えていた。ところが、プライスの発見を、生物学の方が放っては置かなかった。

プライスのもとにある日、一通の手紙が舞い込んだ。差出人を見ると、ジョン・メイナード゠スミスとある。ジョン・メイナード゠スミスといえば英国生物学界の大御所で、サセックス大学生物科学部の学部長でもある。差出人もさることながら、プライスにとってさらに驚きだったのは、その手紙の中身であった。手紙には、メイナード゠スミスが『ネイチャー』で、プライスの論文を審査する立場にあったことが記されていたのである。

メイナード＝スミスは、プライスが『ネイチャー』に投稿してくれたことで、未発表の論文を見る機会を与えられたことにまず感謝を込め、プライスが見出した新しい理論を用いて自分も論文を書きたいが、それを承認してくれないかと許しを乞うていた。未発表論文の審査を担当するがゆえに、公にされていない新しい理論やアイディアにだれよりも早く接することのできる立場にある人間が、発表される前の論文を利用して自分の論文を書いたとなれば、それは学者としてのモラルを問われることになるであろう。そこを気にかけての照会でもあった。

これは本来、喜ばしいはずの申し出だった。メイナード＝スミスがプライスの論文を活用して自分の論文を発表したとなれば、プライス自身の功績も認められ、評価も高まることになるからだ。

しかし、プライスは、その申し出にも抵抗を覚えずにはいられなかった。申し出そのものに対してではない。メイナード＝スミスその人に対してである。メイナード＝スミスの人柄について、プライスは良いイメージを持っていなかった。プライスにメイナード＝スミスの悪評を吹き込んだのは、他でもない、いまや友人と言える仲になったウィリアム・ハミルトンであった。『ネイチャー』に載ったプライスの共分散の論文がそうだったように、ハミルトンの初期の論文もまた、そのアイディアの斬新さゆえに、すぐには認められず、彼は孤独感に一時、さいなまれた。それだけならメイナード＝スミスに対してどうこう言うこともないが、ハミルトンが血縁淘汰にかかわる論文を提出した『理論生物学ジャーナル』[★2]の審査担当者もまたメイナード＝スミスで、この時もハミルトンにかなりの修正を求めてきたのだった。

ハミルトンはその修正に応じるために発表までに、さらに九カ月を要することになった。が、メイナード＝スミスは、ハミルトンが新しい論文で世に広めるであろう「血縁淘汰」という言葉をその間《かん》に『ネイチャー』のなかで使ってしまったのである。ハミルトンは、自分のアイディアが「メイナード＝スミスに事実上、盗まれた」とまで感じていた。★3

「メイナード＝スミスは、ハミルトンにしたのと同じことを自分にもしようとしているのではないか――」。プライスがそう詮索《せんさく》したとしても、理由のないことではない。ハミルトンが抱いていた不信感をそのまま受け継いだプライスは、メイナード＝スミスにわざと意地の悪い返事を送りつけた。

「ハミルトンは論文の発表までに九カ月の遅れを取り、その間にあなたは『ネイチャー』に『血縁淘汰』という言葉を使ったレターを出しましたよね。このことで、血縁淘汰のアイディアに対して、あなたは大きな信用を得ることになった」

普通ならばこの挑発的な手紙一本で、メイナード＝スミスからの申し出の件はおしまいである。ところが、メイナード＝スミスは今度は「直接お会いしたい」と懇願してきた。

疑念が払拭できず、真意を計りかねていたプライスだったが、目の前に現れた学者肌の男性は、論文を使わせてほしいと求めてきた以前の態度とは打って変わって、プライスを自分の論文の共著者にしたいと提案してきた。メイナード＝スミスは、当初考えていた「プライスの論文を引用する」ことをあきらめ、むしろプライスの新理論を取り込んだ形で二人で新たな論文を発表する方向に軌道修正したのである。高名な学者を前に、しかも熱意ある態度に接して、プライスの頑なな気持ちは氷解していった。

6

メイナード＝スミスとの共著の形で、ジョージ・プライスが「動物の衝突の論理」[★4]を『ネイチャー』に発表したのは一九七三年十一月二日であった。

「同じ種の動物の間に見られる闘争は通常、『限定された戦い』であり、深刻なけがをもたらすものではない。このことはしばしば、個体のためというより、種に利益を与える行動による、グループないし種の選択の結果として説明されてきた。ゲーム理論とコンピューター・シミュレーションによる分析は、しかし、この『限定された戦い』の戦略は、種に利益をもたらすばかりでなく、個々の動物にも利益をもたらすことを明らかにした」[★5]。

この論文で、プライスとメイナード＝スミスは、安定性に注目した生き物の進化と行動を「進化的に安定な戦略」と名づけ、それにＥＳＳ[★6]という略称を与えた。

『ネイチャー』に二本目の論文が載った知らせを受けたプライスは、喜びを隠せず、メイナード＝スミスに「これは、私がこれまで審査を受けたなかで、もっとも幸せで最良の結果です。私自身で書けたであろう論文よりずっといいものを書ける審査員の共著者になることができました」★7と書き送った。

メイナード＝スミスの方も、新しい理論の確立にプライスが果たした役割を正確に伝えることを忘れなかった。

「『ゲーム理論と闘争の進化』についてのエッセイは、特にこの本のために書かれました。もしも、闘争の進化について書かれたジョージ・プライス、現在はユニヴァーシティ・カレッジ・ロンドンのゴールトン研究所で勤務していますが、彼の未発表の論文を目にすることがなければ、私はこのエッセイへのアイディアをおそらくは持たなかったでしょう。不幸なことに、プライス博士は、アイディアを発表するよりもアイディアを得ることに、より長けていました。従って、私にできる最良のことは、アイディアのなかに何かがあるとすれば、称賛はプライスにこそ与えられるべきであって、私に対してではないということを世に知らしめることなのです」★8

すでに一九七二年に刊行していた『進化について』★9のなかで、メイナード＝スミスはこう記してプライスに謝意を表わしていた。

メイナード＝スミスがここまでプライスの論文にこだわった理由は、プライスがゲーム理論を用いて見出した新しい世界が、「生き物の持つ攻撃性」という生物学の根本的問題に重要な転換を迫るものだったばかりでなく、生き物の行動のさまざまな側面に光を当てることができると気づいたからであった。実際、メイナード＝スミスは九年後の一九八二年に、この原理を展開して、今では古典といわれるまでに権威を持つことになった『進化とゲーム理論』を著す。ゲーム理論の生物学への応用は、餌や交尾の相手を得るためにどのくらい待つべきかといった持久戦や縄張りの維持、ある種の所有権の主張といった現象を説明する強力な武器となったのである。

プライスがメイナード＝スミスとともに見い出した「進化的に安定な戦略（ＥＳＳ）」の考えを当てはめれば、生き物は、攻撃性を発揮した方がいい場合や、撤退したり、平和主義者として振る舞ったりした方がいい場合など、さまざまな戦略をうまく使い分けながら上手に生きながらえていることになる。

この考えを突き詰めれば、対決もその回避も、きわめて打算的な損益計算のうえに成り立っているということになる。

7

ハミルトンの血縁淘汰を自分なりに解き直してみる過程で、プライスは、協力とか、愛情といった一見、精神的なものに見えるつながりまでもが、平たく言えば、遺伝子の「演出」にすぎないのかもしれないという世界像の転換を経験した。

今度は「攻撃」をめぐる研究で、打算であり現実であり、功利であり、損得勘定である生き物の世界を目の当たりにした。それは一方で、決定的な対決を避ける道を示してくれているようでもあったが、別の見方をすれば、生物学はまたもや美しいもの、優しいものから無縁の姿を見せつけたといってもいい。生き物は何と無味乾燥で、愛情やきずなといったものから縁遠いところにいるのだろうか。生物界とは、ここまで「意味」とか「価値」とは無縁の世界なのか――。

プライスの精神は、次第に彷徨《ほうこう》を始めた。

第6章　神との葛藤（一九七〇—一九七五）

1

研究を超えた付き合いを重ねていたがゆえに、ハミルトンには、このところのプライスの変化が気になっていた。

「これが思いやりや人間性の限界で、この他には本当に何もないのか」[★1]。プライスは悩みの色を濃くしていた。生物学の探求は、進めれば進めるほどプライスを意気消沈させていくようにも見えた。

「ジョージ・プライスは、ヴィクトリア時代の貴婦人やその友人たちが進化ということそのものにショックを受けたのと同じように、血縁淘汰の理論に深い衝撃を受けたのだ」[★2]。ハミルトンは、プライスの感性に、ある種のナイーヴさを読み取り、そこに軽い驚きさえ覚えた。

2

進化論を持ち出さずとも、利己的な遺伝子を持ち出さずとも、もともとプライスの信念には揺らぎがなかった。神はいない。神はこの世に存在しないのだ。何のためらいもなくこの言葉を口にできた。そして実際、堅くそう信じていた。

プライスの無神論は、筋金入りだった。それゆえにかつては妻のジュリアとも口論が絶えなかったのだ。

ところが、この時期を境に、プライスの心に信仰心が芽生え始めた。

「(一九七〇年)六月七日、私は屈服した。そして、神が存在することを受け入れた」★3

四十七歳になって初めて、プライスは神の名を口にした。転向の理由は、友人たちをさらに驚かせた。自分がキリスト教を信じるに至ったのは「論理的必然」であり、「不可避だった」というのである。

プライスの言葉をそのまま借りれば、一連の偶然の一致が自分の身の回りに降りかかってきたために、自分はそうした出来事が立て続けに起こり得る確率を計算で割り出してみた。すると、「それは、天文学的に低い確率でしか起こりえない」ことが結論として導き出されたというのだ。★4

プライスは、「超自然的な操作があったことを確信した」と言い切った。計算の結果を、何かの超越者がいる証拠が示されたと言ってはばからなかった。

一週間後には、住んでいたフラットからそう遠くない教会でプライスの姿が見かけられた。生まれて初めて参加するミサであった。場所は、イギリス国教会のなかでも低教会派に属するラングハムのオール・ソウルス教会★5であった。

3

翌一九七一年になると、プライスは聖書を新たに解釈し直す仕事に、生きる目的を見出し始めていた。ただし、科学者らしく、作業に科学的手法を用いることは忘れなかった。まずは聖書の言葉を一字一句文字通りに読み込んで、マタイ、マルコ、ルカ、ヨハネそれぞれが書き記した四つの福音書の間の矛盾点を拾っていく。そこからさらに進んで、それらの福音書の間に整合性を与える解釈を見出すことができるはずだというのが、プライスの考えだった。

難解な言葉の数々と向き合う作業を続けた結果、プライスは、キリストがエルサレムに入ってから磔《はりつけ》にされるまでの期間は、伝統的に言われてきた一週間ではありえず、十二日間でなくてはならないと確信するに至った。★6 そして、信仰を得てからほぼ一年が過ぎた頃には、「イースター(復活祭)の十二日間」と題する五〇頁にも及ぶ研究が完成をみていた。

長く続いてきた聖書解釈上のなぞのいくつかを自分の手で解き明かしたという自負もあって、プライスはこの研究をイースターの時期にぶつけて有力日曜紙で発表することを考え、ハミルトンの元にも原稿を送ってきた。

プライスの良き理解者であったハミルトンは、できる限りその期待に応えようと、研究成果を出版することを勧めた。

そんなハミルトンだったが、彼でさえ、「なぜキリスト教を信じないのか」と詰め寄られると、さすがにプライスと距離を置かないではいられなかった。

「牡蠣《かき》が好きかどうか尋ねられたアイルランド人の男がこう答えた。『いや。僕は牡蠣が嫌いだ。牡蠣が嫌いなのはいいことなのだ、もしも好きだったら、この呪われた食べ物を憎んでしまうほどに、常にずっと食べ続けてしまうからさ』とね」★[7]

ハミルトンは、牡蠣をたとえに急場をしのいだが、それでもプライスの方は、もしかしたら相手の気持ちが変わるかもしれないと、しばらくの間、様子待ちだった。

四カ月後、ハミルトンの元に届いた手紙には「問題は、あなたが好きか嫌いかではありません。それが真実かどうかなのです」と直截に書かれてあった。「あなたがそれを認めようと、あるいは認めまいと、そこにどんな違いがあるでしょうか。私は、信じたいと思って信じたわけではありません」

そこには、「キリスト教は真実である」。そして、「自分はキリスト教が真実だからこそ信じたのだ」というプライスの揺らぎない信念が、怖いほどににじんでいた。

4

プライスは、ゴールトン研究所に籍を置きながら、奨学金は科学研究協議会からもらって生活していた。しかし、その特別待遇からも、一九七二年六月末に迎える三年の期限をもって身を引こうと決めていた。

「六月三〇日に科学研究協議会からもらっていた奨学金の期限がやって来た。でも、お父さんは奨学金の延長を申請しなかったよ。他のいかなる奨学金も申し込まなかった。

でもね、奨学金が打ち切られても、名誉研究員としてユニヴァーシティー・カレッジ・ロンドンとの関係が切れることはないよ。この立場があることで、大半の時間をキリスト教の研究に費やすことができるんだ。わずかばかり、数理遺伝学の研究も続けながらね」

一九七二年八月五日、キャスリーンに出した手紙のなかで、プライスは娘の誕生日を祝いつつ、自分自身の心境もつづって寄こした。奨学金の申請をやめたのは、生物学のためと称して得た奨学金を宗教のために使う一種の裏切り行為に、後ろめたさを禁じ得なかったためもあったろう。とにもかくにも、奨学金がもらえなくても、キリスト教の研究ができるだけでこのころのプライスの心は無上の喜びに満たされていた。

七二年もすでに秋の気配に彩られていた。ほどなくプライスは、キリストの教えを何より重んじ、教えそのままに生きることを心に誓った。彼が特に感銘を受け、座右の銘としたのが、キリストが行なった「山上の垂訓」であった。「心の貧しい者、義に飢え渇いている者、あわれみ深い者こそ救われる」と説くその教えの通り、「翌日のことに思い煩らわず、すべてを恵み、与える」ことが、プライスの生きるうえでの信条となった。

心の糧《かて》、あるいは日々を生きるうえでの励みとするのであれば、山上の垂訓も人生を有意義にし、人と人との絆を築く源泉となっていたであろう。ところが、プライスはあらゆる妥協を完全に排し、徹底した厳格さを自分自身に課した。彼から見れば、神に全身全霊を捧げる誓いを立てた聖職者さえも、怠慢に感じるほどだった。自分を受け入れてくれた牧師までも「熱心さに欠ける」と見なし始め、プライスはその牧師に論争を挑み、果ては言い争うまでになった。一歩誤れば、自分自身を厄災《やくさい》の縁に追い詰めかねないほどの極端さで、プライスは「山上の垂訓」にある「翌日のことに思い煩わない」生き方を実践しようと始めたのである。

良き理解者であったハミルトンでさえ、このころのプライスを「常に極端なほど明晰な思考をする人物であった彼は、同時に非常に厳格で、決して妥協をしたり、自分の意見でもないことをあたかもそうであるように見せかけるようなタイプではなかった[★8]」と評したうえで、「（彼は）キリスト教徒を名乗る人間は、いかなる人でも新約聖書の教えに文字通り、絶対のものとして従わなくてはならないと信じていた[★9]」と伝えている。端から見れば、その精神はすでに尋常ではなくなっていたが、プライスは自分の信念がもたらすであろう極度の欠乏と、耐乏生活にさえも、ほとんど喜びを見出さんばかりであった。

「私はいま、まさに十五ペンス〔約一三〇円〕まで落ちぶれています」[★10]

奨学金が切れてから四カ月経った七二年の十月、プライスはメイナード＝スミスに、信じられない暮らしぶりをつづった手紙を書き送った。しかし、プライスはそうした極貧の生活にもいたって平気な様子で、「私はこの十五ペンスがなくなる時を心待ちにしています」[★11]とまで書いていた。メイナード＝スミスは直ちに金銭的な援助を申し出る手紙をプライスに送り、電話でも同じく助けになりたいと訴えた。だが、プライスは、この温情にも「まだ決定的な段階には至っていません」と首を振るばかりだった。「まだ豆料理の缶詰が二缶。そして、バークレー〔のクレジット〕カードがありますから」

さらに一カ月経つと、プライスは一日一パイント〔〇・五六八リットル〕の牛乳で生き長らえていた。体は栄養失調をきたし、目に見えてやせこけ、完全に弱っていた。

しかし、プライスはそれでも足りないとばかり、自分に課した苦行をさらに徹底することにした。甲状腺ガンを煩って以来、飲み続けなくてはならなくなった薬、チロキシンをやめたのである。アメリカ時代に受けた手術の結果、プライスの甲状腺はホルモンを生産しなくなり、それ以来、補完剤としての薬は必要不可欠になっていた。だから、薬を断つことは実際、命にかかわることだった。

それでもプライスは何構わぬ様子で、「神がもしも私が生き続けることを望まれるのならば、何かの奇跡を起こして、失われたホルモンさえも与えてくれるであろう、そして自分は明日もまた生き延びるであろう。もしも神が助けを与えることを望まれないのならば、いかなることであろうとそれに従わねばならない」と、およそ科学者らしからぬ言葉を平気で口にするのだった。

七二年十二月のはじめに、プライスは階段から落ちて、手首を切って入院した。★12 命に別状はなかったが、甲状腺ホルモンの不足に気づいた医師が、プライスに説明もしないで失われていたホルモンを補い、衰弱しきっていたプライスを生きながらえさせた。プライス本人は、今度はこのことをもって「自分は生き続けることを意味されているのだ」と解釈し、以来、医者の命令に従って薬を飲むことにした。

ある種の運命論的な感覚に、このころのプライスは完全に取り憑かれていた。

5

自分はキリスト教に帰依した。しかし、科学も、また科学者としての自分も捨ててはいない。これは大いなるジレンマであった。この時期のプライスは、いわば股割《またさ》き状態であった。七三年二月の段階でも、プライスは、メイナード＝スミスとともに『ネイチャー』に発表することを受け入れた「動物の衝突の論理」の最後の改訂に取り組んでいたのである。ハトとタカを登場させるというアイディアは、プライスが「ハトという言葉は、宗教的意義から使ってはならない」と主張したことで、ネズミ対タカに変えることで落ち着いたが、これはプライスが悩み苦しんでいたことの全体から見れば小さな問題にすぎなかった。

神を信じ、聖書を信じるに今は至ったといえども、科学の持つ意義は、それは、捨て去ることはできない。

そうなると、科学と宗教をどう両立させるかが、不可避の問題としてのしかかってくる。「科学と宗教は本当に相容れないのだろうか」「進化論と天地創造説は相矛盾するものなのか……」

進化論が認められて以来、キリスト教の信者の多くは、天地創造といった神の御業《みわざ》との矛盾点をあえて問わずに、信仰と科学を別々のものとして捉え直すことによって、かろうじて破綻を逃れてきた。真の意味での科学と宗教の両立は、難問中の難問であるはずだった。

6

それは幸いだったか、それとも不幸なことだったか、今となっては分からない。英国には、宗教は科学と矛盾しない――との前提で思索を進め、あまたの著作を世に送り出した知の巨人がいた。子供向けファンタジー『ナルニア国物語』の著者でもあり、オックスフォード大学のフェロー（研究員）でもあったC・S・ルイスである。

ルイスの基本的認識は、現代科学をもってしてもなお、宇宙は神秘と未知を失ってはおらず、そうした世界に我々は生きているのだという確信であった。

「いつか、それも無限の未来ほど遠からず、宇宙が完全な無秩序の混沌状態になる日が来ます。そして、科学は、その状態から戻るすべを何ら知らないのです。科学は、宇宙のぜんまいが巻かれた過程を知りません。しかし、かつて、それも無限の過去にではなく、宇宙が巻かれた時があったはずです。……現代物理学が語る話は、『ハンプティー・ダンプティーは落ちてゆく』の一言で語れるのです。……彼が落ちる前に、塀の上に座っていた時があったはずですし、彼が地面に着いてしまった後の時があるはずです。……　科学はすべて観察に頼っています。そして、我々が観察するのは、すべて、ハンプティー・ダンプティーが落ちている途中なのです。なぜなら、我々は彼が壁の上の席を失ってから生まれたのですし、彼が地面に着くよりずっと以前に消滅しているでしょうから[★13]」

たとえ話を駆使して、この説明のなかでルイスが言いたかったことは、いかに科学が発達した時代に生きているとはいっても、我々が知るのは宇宙全体の非常に限られた部分であり、それを超えるところでは全くの無知だということであった。

「科学は、完成すれば、連鎖の一つ一つのつながりを皆説明しているでしょう。しかし、連鎖の存在そのものは、相変わらず説明がつかないでしょう。出来事の起こる様式については、ますますよく分かってきます。しかし我々は、その様式のなかに実際の出来事を『注入』するものについては、何も分からないのです。それが神でなかったなら、少なくとも我々はそれを『運命』と呼ばなければなりません――それは、宇宙を動かし続けている、非物質的で究極的な、一方通行

の力です」★14

もう一つルイスが主張したことは、キリスト教から奇跡をめぐる要素をはぎ取ることはできないということであり、奇跡を取り去った時点でキリスト教はキリスト教ではなくなってしまうという認識であった。「キリスト教はまさに一つの偉大な奇跡の物語だからである」と、彼は説明した。

ルイスによれば、奇跡は、それがもしも実際に起こるのならば、その定義から言って、「規則の中断」の発見に他ならない。だが、科学は規則性の発見であり、その定義から言って、「規則の中断」を発見するような性格のものではない。だから、もしも奇跡が起こっていたとしても、科学はそれを証明も反証もできないはずであり、そこに科学の限界がある。ルイスは、こういった論理で、奇跡をめぐる主張を組み立てた。★15

ルイスは、聖書にあるさまざまな奇跡は、文字通り起こった可能性がある、科学は超自然の世界や神や天国が実在することを何ら否定できない、と考えていた。つまり、ルイスにとって科学と宗教は何ら相矛盾する存在ではないのである。奇跡は科学の枠の外にあり、それゆえに科学では捉えきれない存在なのだ。

7

ルイスの著作こそが、自分の悩みを解決してくれる。科学と宗教を相矛盾するものととらえる必要はないと、プライスはある種の希望を持つことができるようになった。ルイスを「発見」したプライスはその考えにいたく共鳴し、わずかな蓄えのなかからその著作を買って、クリスマスや誕生日のプレゼントとして娘にも贈った。

『ネイチャー』にメイナード＝スミスと名を連ねたころになると、信仰は、プライスをさらに危機的な状況に追い込んでいた。「キリストとの出会い」[★16]と題してつづった文章のなかで、プライスは、自分がキリスト教の本質を見誤っていたことを認め、自身に与えられた本当の使命は聖書の研究ではなく、人々を助け、愛することなのだと考えを改めた。プライスは、貧しい人、困っている人に文字通り身を捧げる決心をしたのである。

彼は幾人もの老人を世話した。道ばたに座り込んでいるアルコール中毒のホームレスを見つけると、進んであり金をすべてはたき、善意の寄付を厭わなかった。困っている人を見つけてはフラットに招き、彼らに食べさせ、不自由している物を与えたばかりでなく、自分の持ち物が盗み出されることにも、壊されることにも目をつぶった。仕事を見つけてやるために奔走し、裁判にかけられている人には、法廷に立って弁護役を引き受けた。[★17]

奨学金を得ていたとはいえ、もともと金に余裕のある身分ではない。まだ科学研究協議会から奨学金をもらっていた時分にさえ、学費の面倒を見られないことを申し訳なく思う気持ちを長女のアンナマリーに宛てて書き送っていたぐらいである。

「お前のカレッジの学費を援助できなくて、お父さんはすまなく思っているよ。お父さんはとっても貧乏になってしまったんだ。というのは、〔科学研究協議会からの〕収入がアメリカでもらっていた額よりずっとずっと少なくなったからなんだ。論文をいくつか発表した暁には少し〔奨学金を〕アップしてくれるという口約束はあるんだけど……。

でも、お父さんはいま、新しい分野で全く過去の蓄積もないなかで研究を続け、トレーニングを積んでいる。たとえいくばくかだとしても、お父さんに援助の手を差し伸べてくれる人がいるというだけでも、本当にありがたいことなんだ。奨学金は年四回支払われる。だから、三カ月ごとに月の二十五日にはほとんど無一文になっている。次回は十二月二五日だ。小銭を稼ぐためにお父さんは統計学の研究室で週二回、午後にアルバイトをしてもいるんだよ★18」

8

このように、奨学金があった頃でさえ困っていた暮らしが、さらに困窮を増していた。人に施す余裕など、もともとなかったのだ。

このままでは、生活が行き詰まるのも時間の問題だった。

奨学金の延長をあえて申請しなかった一九七三年六月の時点で、プライスはまず、オックスフォード・サーカス近傍の豪勢なフラットを引き払った。これは、あまりの散らかりようが家主の怒りを呼び、出ていくよう宣告されたというのが実のところだった。[★19]

腕時計も手放した。コートも人にやってしまった。最後に残った持ち物も手放し、口に糊して命をつないだ。

ハミルトンには、自分は新約聖書「ルカによる福音書」第六章三十節に従って生きているのだと書き送った。

「求める者には、だれにでも与えなさい。あなたの持ち物を奪う者から取り返そうとしてはならない」

かつてはＩＢＭの模範社員として、いかにもという出で立ちで、刈り込んだ髪にさっそうとスーツを着こなしていた男が、いまや髪を伸びるに任せ、スニーカーを履き、派手なシャツを着て、首からアルミニウムの十字架を下げるように様変わりしていた。

じきに、自分の過去を振り返り、私生活で至らなかったところを反省し、過ちを悔い改めるに至ったプライスは、娘のアンナマリーに、彼女を見捨てたこと、自分が悪い父親であったことを心から悔やんで謝った。

離婚したジュリアとも関係を修復し、できれば再婚したいとまで真剣に語った。ジュリアの方も、再婚はしていなかった。プライスはさらに、家族全員をロンドンに呼び寄せて、再び一緒に暮らすことを夢みもした。

一九七三年のクリスマスイブには、老人たちの「ホーム」で甲斐甲斐《かいがい》しく奉仕に精を出すプライスの姿があった。自分の体を酷使すればするほど、他人に自分のすべてを捧げれば捧げるほど、神の命ずる場所に近づいていくのだという実感がプライスにはあった。お年寄り一人ひとりに配るクリスマスプレゼントを包む仕事を深夜遅くまで黙々とこなした後、プライスはクリスマスの当日も朝早くから起き出し、一人で二一人の入居者全員を着替えさせ、朝食まで取らせて次にやることを探すのだった。

クリスマスのボランティアを終えた後のわずかばかりの時間を、プライスはゴールトン研究所に戻って過ごし、休暇で誰もいない研究室で進化について考えをめぐらした。

研究所は、研究のための新たな資金を用意してくれていた。プライスのたぐいまれな才能を最初に見抜いたセドリック・スミスが、医学研究協議会[★20]と掛け合って、一年間の奨学金をもらう手はずを整えてくれたのだった。

ところが、居場所を提供してくれていた研究所にもほどなく居られなくなった。

このころのプライスは、夫から虐待を受けていた女性を保護することにも精力を注いでいたが、隠していたプライス自身の素性と居所が誰かの口から漏れ、アルコール中毒でけんかっ早い夫の方が研究所に殴り込みをかけてきたのである。巨漢のこの男は妻の居所を教えるようプライスに執拗に迫ったが、それがかなわないと見ると、研究所の窓越しに大声で喚き散らし、脅しの言葉を吐きまくった[★21]。男はさらに興奮し、玄関の階段に小便を掛け、止めてあったバイクのライトをこなごなに砕いた末に、卑猥な言葉を口にしながら学生の鞄を引ったくり、中のものを路上にまき散らすことまでしでかしたのである。

事件は大学当局の耳にも入り、プライスの処遇をめぐって協議の場が持たれた。だが、ちょうど生物学の権威であるメイナード＝スミスとともに『ネイチャー』に論文が掲載された直後であったために、大学も免職などの措置は取らず、プライスは事なきを得た。ただし、教授のセドリック・スミスは、研究所での寝泊まりをやめるようプライスに申し渡さざるを得なかった。

年が明けて、彼が人生を締めくくる最後の年がきた。

一九七四年三月、プライスは自分が助けた年配女性の家に仮住まいをしていた。そんな状態でも、プライスはまだ生物学上の研究を続けていた。性選択についての共同プロジェクトを、ハミルトンとともにやり遂げるつもりだった。一方で、この年の六月になると、プライスは、教会関係者の頼みで、事務所を掃除する夜の仕事も請け負った。

奉仕こそが喜びであり、人生の目的と考えていたこの時期に、それはプライスを心から満足させる体験であった。ハミルトンへの手紙にプライスはこう記した。「これは、私が自分の人生のなかで行なった最初の正直な仕事です。……自分自身の楽しみや、あるいは前進のためではなく、私は他人のために働いているのです[★22]」

六月に始めた仕事は、八月にはやめていた。ついに居場所がなくなったプライスは、英国に来て最初に住み着いたオックスフォード・サーカスから二キロ近くも北に行ったトルマーズ・スクエアに六棟ばかりの廃屋を見つけ、そこに住み着いた。浮浪者たちが以前からコミューンを作っていた場所である。風体《ふうてい》はすっかり変わり、伸び放題のひげが彼を別人に仕立て上げていた。

9

しかし、今度はそのコミューンでの暮らしが、プライスに、また新たな心境の変化を生んだようだった。

「自分は戻りつつある」。下の娘キャスリーンに宛てた手紙で、プライスは自分の状態をそう伝えてきた。一度はありとあらゆる自分の持ち物を人に与え、すべてを捨て去ることに生きる価値を見出したプライスだったが、その彼に、自分の物を持つことへのこだわりが再びわき上がってきたようであった。

ハミルトンの元にも手紙が届いた。「キリストは私に望んでいるようです。他人を助けることに砕く心を少し割いて、自分自身の問題を解決することを考えよ、と」。[★23]別の友人には「正直さとは何を意味するか」を話題にし、「正直さとは、『自身の最も深いところにある欲望』を告白することである」との格言めいた言葉を送ってきた。

プライスはコミューンで一緒に暮らしていた女性の一人に好意を抱き、アメリカに戻ることを希望した。十一月にはニューヨークで照明デザイナーとしての地位を築いていた兄のエディソンにも手紙を出し、「社会的な仕事を続けることはあきらめた。平凡で、型通りのキリスト教徒に戻ったよ。結婚することも考えているんだ」と打ち明けた。「ホーム」で甲斐甲斐しいボランティアとしてクリスマスプレゼントを一つひとつ包み、老人たちに食事を取らせ、着替えをさせていたあのクリスマスから一年が経とうとしていた。

クリスマスの直前に、プライスはハミルトンの一家をロンドン郊外に訪ね、一週間あまりをともに過ごした。

ハミルトンの家族との別れは、十二月十九日であった。

この時、ハミルトンには、プライスが精神の打撃から立ち直りつつあるように見えた。彼は、遺伝学の分野でフルタイムの仕事をするようプライスを説得し、プライスもほとんどその勧めを受け入れる寸前までできていた。

相前後して、母国に一時帰国した五年前、全く理解を示さなかったハーヴァード大学の集団遺伝学者リチャード・レウォンティンからも、賞賛と謝りの手紙が届いた。

「あなたがしてきた仕事を理解するところまで到達するのに、長い時間がかかってしまいました。あなたからお考えを最初に示された時には、私はあまりに愚かで、それを評価することができなかったのです★24」

プライスさえその気になれば、そこから知的交流も始められるはずだった。

ハミルトンの一家は、クリスマスをアイルランドで過ごすことにしていた。プライスとは年明け後にまた会い、一家全員で過ごすことにしていた。別れは束の間のはずだった。が、このクリスマスが最後になった。

一月二日、プライスのもとに信者の仲間から一通の手紙が舞い込んだ。精神の悩みを抱える人々の救済を目的として一九五三年に創設されたサマリア人協会のことが書いてあり、協会とコンタクトを取るよう、プライスに求めていた。

一九七五年一月六日、プライスは血まみれの状態でコミューンの一角で見つかった。すでに息はなかった。遺体のそばには、自身で頸動脈を切るために使った鋏が落ちていた。

10

遺書と呼ぶにはあまりに短いメモが傍らにはあった。そこには、人生の目的を見出すことが日増しに難しくなり、その困難と自分が向き合っていること、特に自身で選び取った奉仕という社会的な仕事にその困難を感じていること、そして、友人たちのことが重荷に感じられ始めていることがしたためられてあった。★25

キリスト教にストイックなまでに帰依したにもかかわらず、プライスの追悼は教会では行なわれなかった。それは、人生の幕引きが、自殺という許されざる形で行なわれたからかもしれない。聖職者と口論し、仲違いしたこともあったろう。追悼式はプライスが自殺を遂げたトルマーズ・スクエアからわずかに北に行ったカムデン・タウンの、まるで学校の教室のようにがらんとした中に椅子が並ぶ場所で執り行なわれた。列席者はわずか十人に満たなかった。ハミルトン、メイナード＝スミスの両博士と並んで、髪が肩まで伸びた浮浪者たちが数人、参列した。誰も彼も、プライスが親身になってその世話を焼いた面々だった。

エピローグ　原爆からの復讐――クロード・イーザリーとジョージ・プライス

1

享年五十二歳。晩年と呼ぶには早すぎるジョージ・プライスの最後の日々は、生物学でついぞ見出すことのかなわなかった「真の他人思い」を、まさに自分自身で、自分の身をもって実践しているかのようにも見えた。それがあまりに原理的で、極端でもあったから、「ジョージ・プライスは、研究上の発見によって精神を狂わされたのだ」とする説もまた、一部で取りざたされた。「人間の動機は複雑で難解だから、プライスを狂気に追いやった原因を正確に断定することはできない。しかし利他主義の公式を発見したことが、彼をひどい鬱状態におとしいれたことは間違いない」[★1]。「ジョージ・プライスが数式の持つ意味を受け入れて味わった挫折感は、かなり直線的に死につながって」[★2]おり、「なしとげた発見が、彼を絶望と死へ導いた」[★3]。「ある種の一徹さを持つ人にとって、それは耐え難いことなのだ」[★4]と……。

2

理解を超える行動や言動を目の当たりにした時、人は往々にしていとも簡単に相手を「正気ではない」とか「狂気にとりつかれた」とひと括りにして片づけたがる。線を引き、「あちら側」に追いやって安心したがる。

私はそうした類型化を避けるべく、できるだけ細部に立ち入って事実を掘り起こそうと試みてきた。

それでも整理のつかないこと、理解に苦しむ部分が全くなくなったわけではない。

プライスはなぜ、ああまで人が変わってしまったのか？　イーザリーは、核の時代を憂え、世界平和を希求するりっぱな手紙を書きながら、なぜにおもちゃのピストルで強盗に入り、はした金を奪い、精神病院と刑務所を行き来したのか？

3

イーザリーとアンデルスの手紙のやり取りは、それだけを抜き出して見せられれば、反戦平和の目的意識に貫かれ、人類愛に満ちた崇高なものに映る。

例えば、イーザリーは一九六〇年八月、日本の国会議員に宛てて次のような手紙を出している。

「たくさんのアメリカ人も、私も、あらゆる国ぐにのあいだの大小さまざまの戦争にのみ明けくれる今日の時代は、終わりを告げるべきであると考えています。私はいままで多くの文章を書いて発表いたしましたが、それは、人びとに勇気と希望とをあたえ、そして、もしもわれわれがこの地球を破滅から救おうとするならば、どうしても必要な努力を、もっと強力なものにしたいと思ったからです。

まずはじめに私は、広島へ原爆を投下した際に私が果たした役割は何であったかという、あなたのご質問にお答えしたいと思います。

私は先導機、すなわち『ストレート・フラッシュ』号を指揮していました。私の任務は、原爆投下の目標地を選定したときに、第一候補としてあげられたこの広島に無事に到達し、天候の状態を確認するとともに、敵の空軍や高射砲部隊から何らかの抵抗が予想されるかどうかを判断することでした。

私は広島の上空に達してから約四五分間、そのあたりを飛行しながら、広島の上空に立ちこめて一部視界をさえぎっていた雲の状態をしらべました。原爆投下の目標は、軍司令部と広島市との中間にある橋でした。約一五機ほどの日本の飛行機が一万五千フィート(約五千メートル)の上空を飛んでいましたが、私のいる二万九千フィート(約一万メートル)の高度まで上昇しようとする気配はありませんでした。しかし、これら日本の飛行機は、まもなくどこかへ行ってしまいました。

この日、すなわち八月六日の天候の状態はつぎのようでした。広島の上空には、一万二千フィートと一万五千フィートの間に積雲が散在し、毎時一〇ないし一五マイルのスピードで広島の方向へ動いているようでした。私がこれらの事実を観測したのは、午前七時三〇分ごろだったと思います。目標の地点ははっきりと見えていました。それは、すでに申しあげましたとおり、一つの橋で、この橋を破壊することによって、日本軍の司令部に致命的な打撃をあたえずにはいないだろうと考えられたのです。

　私には、天候の状況は理想的であると思われました。つまり、目標の橋だけが見えていて、広島市は視界からさえぎられているから、市それ自体は爆撃をまぬかれるだろう、そして、司令部に投下された原爆は、日本の軍部をして否応なしにそのおそるべき破壊力を知らしめ、講和の条約に署名してこのおそろしい戦争を終わらせねばならぬと悟らせるだろう、とこのように私には思われたのです。

　私は、僚機〔エノラ・ゲイ〕に対して、『準備完了、投下』を知らせる暗号の命令を送りました。すなわち私は、目標への原爆投下を指令したのです。

　しかし私の希望は実現しませんでした。広島上空の雲が散ってしまったために、爆撃手は、三千フィート（約千メートル）ほど目標をはずれ、広島市を爆撃してしまったのです。私は、それが、意識的に計画されたものだとは思いません。そうではなくて、ほんとうに誤って目標をはずれたのだと思います。どうか、それが、まったく新しい、まだ十分に実験がなされていない爆弾だったという事実を、お考えになってください。

　しかしすでに起こってしまったことは起こってしまったことなのです。そして、いまやわれわれがなすべきことは、二度とふたたび『ヒロシマ』がくりかえされないために、ありとあらゆる手をつくすということなのです。

一九四五年八月六日というこの日以来、私は、戦争の原因をなくし、あらゆる原子兵器を禁止するという使命のために自分の一生をささげよう、と決心したという事実なのです。私はこのことを、広島上空から基地へ帰還する飛行機の中での、お祈りのなかで誓ったのです。そして、たとえ将来においてどんなことが起ころうとも、私は、私が得た体験から学んだ、つぎの三つのことを堅く心のなかに抱きしめて、生涯忘れないつもりです。

たとえそれが、どんなにつらいことであろうと、生きるということは、世界中で最も美しい財宝であり、最もすばらしい奇跡である。

自分の義務を果たすということは、第二のすばらしいことである。そして、この義務とはすなわち、赤、白、黒、あるいは黄色をとわずあらゆる人種のすべての人びとに対して、恐怖と貧困と無知と隷属のない、幸福にみちた生活を保障することである――私は、広島上空からテニヤンの基地へ帰る飛行機の中で、この義務を果たすことを誓ったのです。これが私の第二の信条なのです。

私の第三の信条は、残虐、憎悪、暴力、あるいは不正をもってしては、精神的にも、道徳的にも、物質的な意味でも、永遠の楽土をきずくことはできないということです。永遠の楽土にいたる唯一の道は、おしみなき創造的な愛と、信頼と、単に説かれるだけでなく休みなく実践される友情をおいて、ほかにはありません。

私がこれらの誓いをたててから、十五年という年月が過ぎ去りました。しかし、私が犯したおそろしい犯罪行為と結びついた罪の意識は、私の精神と心情のなかに多くの混乱した状態をつくりだしました。この十五年間のうち、ほとんど八年というもの、私は病院で、そのうえ、短い期間ですが監獄で送りました。しかし、監獄にいるあいだ、私は他のどこにいるときよりも幸福な感じがしました。なぜならば、罰を受けることによって私は、罪の意識から解放されたからなのです……[★5]」

4

手紙の内容は申し分ない。何一つ非の打ち所のないりっぱな考えとあからさまな告白に満ちあふれている。

しかし、我々はすでに、広島上空から戻る途中、原爆が投下されるタイミングで、「ストレート・フラッシュ」の中でどのような会話が交わされていたのかを知っている。彼らは午後のポーカー・ゲームのことを話題にし、実際、クルーはその原爆投下の日、酒を酌み交わし、カードを握りしめ、祝賀気分で盛り上がったのではなかったか。

この手紙から二年、一九六二年にアンデルスはイーザリーと直接会う機会を得て、メキシコ・シティーに旅立った。この時、イーザリーは目の前のアンデルスに「自分が何をやったのかを知ったのは、投下から何日か経ってからだった」と告白している。こちらの方が真実だとすれば、イーザリーが日本の国会議員にあてた「帰路の祈り」も、途端にうそっぽさが鼻についてくる。

メキシコ・シティーでのイーザリーの告白は、アンデルスによればこうだった。

「広島に向かっての飛行中だけでなく、原爆投下のサインを出している間だけでなく、それから後の何日かの間も——私は、それが何日間だったかおぼえていませんが——あのとき、一体全体、自分がどんなことにかかわっていたのか、まだ全然わかってはいませんでした。『私は何をしでかしてしまったのか』。むしろ、本当のおどろき、恐怖、理解、そして懺悔《ざんげ》は、廃跡と化した広島市と焼けて炭のようになって水面をただよう死骸の最初の写真を見せてもらったときに、はじめて始まったのです★6」

日本の国会議員に宛てた手紙には、なんと書いてあっただろう。

「一九四五年八月六日というこの日以来、私は、戦争の原因をなくし、あらゆる原子兵器を禁止するという使命のために自分の一生をささげよう、と決心した」、「私はこのことを、広島上空から基地へ帰還する飛行機の中での、お祈りのなかで誓った」、「自分の義務を果たすということは、第二のすばらしいことである。そして、この義務とはすなわち、赤、白、黒、あるいは黄色をとわずあらゆる人種のすべての人びとに対して、恐怖と貧困と無知と隷属のない、幸福にみちた生活を保障することである——私は、広島上空からテニヤンの基地へ帰る飛行機の中で、この義務を果たすことを誓ったのです」

B－29「ストレート・フラッシュ」号の中での決意、誓いが手紙のなかには繰り返し現れる。それだけではない。イーザリーは「(投下) 目標は……一つの橋で、この橋を破壊することによって、日本軍の司令部に致命的な打撃をあたえずにはいないだろうと考えられた」、「広島市は視界からさえぎられているから、市それ自体は爆撃をまぬかれるだろうと思った」とも書いている。

しかし、高性能爆弾の開発やB－29による特別訓練が、たった一つの橋を落とすために行なわれてきたと信じるほどナイーブな軍人がはたしていただろうか。そうつづる一方で、イーザリーは「司令部に投下された原爆は、日本の軍部をして否応なしにそのおそるべき破壊力を知らしめ、講和の条約に署名してこのおそろしい戦争を終わらせねばならぬと悟らせるだろう、とこのように私には思われたのです」と、その破壊力がもたらすであろう絶大な影響力に期待もしている。いったい、この矛盾はどう解釈すればいいのか。どう整合性が取れるのか。加えて、雲の状態だってイーザリーが投下の当日、「エノラ・ゲイ」のティベッツ大佐に報告したものとは違っている。だから、投下目標を外れたことで市民が誤って犠牲となったとする「釈明」にもまた、違和感を覚えずにはいられない。

だとすれば、イーザリーの手紙は、きわめてまっとうなことを書いているようにみえて、実は根底に、自分のしたことを正当化し、自分を実際より「聖人化」する傾向を読みとれなくもないのである。

だが、イーザリーの精神状態からいって、それが意図したものか、想像と現実が混濁するなかで無意識に近い形でペンが走ってしまったものなのか、判断はつきかねる。一九七八年七月一日に彼が癌で亡くなってしまった今となっては、これ以上突き詰めようがない。

一つだけ言えるのは、こうした矛盾を盾に、彼を「宣伝屋」や「自己顕示欲の塊」と見なすのも的外れだろうということである。彼の評伝を書いたロジャー・ダガーがくしくも指摘したように、原爆投下のミッションに参加した軍人というそのことだけで、イーザリーは十分、母国では英雄扱いされるべき資格を持った人物であった。単なる宣伝や自己顕示のためならば、原爆投下をよりドラマチックに語り、演出すればそれで済んだはずだったのである。つまらない小切手偽造に手を出したり、金目のものがありそうもない寒村の郵便局に盗みに入る必要などさらさらなかったのだ。

一九四七年、武器の密輸事件で逮捕されて以来、イーザリーは四九年の小切手偽造、五〇年の自殺未遂、五一年、五三年、五四年の連続小切手偽造事件と立て続けに反社会的行為を繰り返し、五四年には再度の自殺を試みている。その後も、五六年四月の郵便局への侵入盗、九月の雑貨店強盗、五九年の再度の雑貨店強盗と、その逮捕歴はほとんど途切れることがなかった。

イーザリーの行動、言動にはやはりつかみどころがなく、常人の理解の度を超えた部分が確かにある。だが、その混乱こそ、精神が被った傷であり、罪の意識がもたらしたものであるという見方も一方では成り立つ。自分を罰するためにあえて罪を犯し、刑務所に入り、精神病院でもショック療法を望んだという話は、それはそれでけっしてうそではないように思えてくる。

5

では、ジョージ・プライスのケースは、どう説明したらいいのだろう。

その精神に、「劇薬」の役割を果たしたのが、「我々が助け合うのも、遺伝子に動かされてのことである」との発見だったことは、まず間違いないだろう。

しかし、同じハミルトンの論文に衝撃を覚え、その遺伝子中心主義を独自に発展させた科学者で、今なお第一線で探求心を満足させている人物もいる。オックスフォードで『利己的な遺伝子』を著し、一躍名をはせたリチャード・ドーキンスがその一人であり、一方にはハーヴァード大学で「社会生物学」の事実上の創始者として賛否両論を巻き起こしたエドワード・ウィルソンがいる。

「神はいない。無神論はダーウィン以前でも論理的には成立し得たかもしれないが、ダーウィンによって初めて、知的な意味で首尾一貫した無神論者になることが可能になった」[★7]と無神論を徹底して貫くドーキンスは、その点ではプライスの対極にいる。鋼《はがね》のような精神で、ドーキンスは、「〔遺伝子が神の座に君臨したことで、我々は、〕生命には意味があるのか、我々は何のためにいるのか、人間とは何かといった深遠な問題に出合っても、もう迷信に頼る必要はなくなった」[★8]と喜んでさえいるのだ。

このように、同じ論文に触発され、同じ出発点に一度は立ちながら、何ら精神に変調をきたすことなく、むしろ新たな一学派を開山した学者も片方にはいるのである。

だとすれば、ジョージ・プライスを「別人」に変えてしまった根底には、何か別な理由を考える必要もあるかもしれない。となれば、それは原爆開発と関係があるだろうか。


プライスは死の直前の一九七四年まで、自分が書いた記事ばかりでなく、履歴書にも、自分が原爆開発に携わったことを書き込んでいた。

一九四五年当初、プライスは「日本に落とした原爆は、戦争を早く終わらせ、アメリカ兵を救ったのだ」と主張し、離婚するまで、そのことで妻のジュリアと反目し合った。後半生もまた、原爆開発にかかわったことを隠さなかったものの、自分が開発した原爆が夥しい数の死傷者を生み出したことに対し、直接に後悔の念を表わすことはなかった。

だから、その、焦りにも似た使命感は、自分が引き起こしてしまった広島・長崎の惨状に対する後悔からではなく、むしろこれから起きるかもしれない全面核戦争への恐れと、人類滅亡への責任感から発せられていたように感じられる。

その点で、プライスの感覚は、原爆がもたらした惨禍を知ったのち、苦痛に顔を歪めた被爆者に夜ごと夢で苦しめられることになったイーザリーと、同じではない。イーザリーも精神に変調をきたし、自殺を試み、わざわざ不幸を選ぶかのような破滅的な人生を歩んだが、その根底には、原爆の投下に関わったことへの罪の意識が明確にあった。

プライスの根底にあった思いが、「核兵器を持ったがゆえに、我々は冷戦という恐ろしい対立に引き込まれてしまった」との危惧であったとすれば、マンハッタン計画に関与していなければ、その人生は違っていたかもしれないということにもなる。ジャーナリストになって核戦争の危機を訴えようとはしなかっただろうし、書いても書いても取り上げられない挫折感を味わわなければ、英国に渡って生き物全般の攻撃性や対決の解明に没頭することにはならなかったはずである。

だとすれば、破壊力において人類の破滅をも可能にするほどの最終兵器の開発は、生み出した側にも異常なまでの緊張と恐怖を呼び起こし、それが人の一生までも塗り変えるほどの影響を及ぼしたと言えるのではなかろうか。[★9]

原子爆弾からどれだけのエネルギーが解き放たれるかを推し量る科学の目を持っている人、あるいは優れた想像力、研ぎ澄まされた洞察力を持った人にとっては、尋常な精神状態ではいられないほどの忌まわしい殺人破壊兵器を、我々は産み落としてしまったのだ。

6

「これはあたかも、微積分を発見して論文に載せたものの、その使い方を人々に説明しなかったようなものだよ」

　ハミルトンは、功績が認められないままに世を去ったプライスを心から悔やみ、自殺を遂げたその年に、彼の方程式を世に広めることを意図した論文を発表した。だが、それとて大きな注目を集めることはなかった。


　自分から遠い関係にあるものを排斥せずにはおかないという、生物進化における「悪意」、俗っぽい言い方をすれば、「悪意の生物学」とも呼べそうな分野を学問的に発展させれば、プライスの発見は、一般の人々にさえも訴える力を持ったかもしれない。事実、プライスの死後、殺人も含めた遺伝子の「仕業《しわざ》」を科学的に解明しようとする進化心理学[★10]が隆盛をみている。その余地は十分あったと言わねばならない。

　ところがプライスはそれをしなかった。

　それは単に、その可能性に気づかなかっただけのことなのだろうか。


　ハミルトンは、「どうしてグループ選択についての研究を自分で努力してやらないんだい、ジョージ？　なぜ発表しないんだ」と詰め寄ることもあった。[★11]「彼〔プライス〕は、グループに対する公式を応用して、自身でも一つ論文を発表したが、私の思うところでは、私の論文よりも明快さに欠け、かつまた一般的でもなかった。実際のところ、ほとんど、まるで自分が見つけた公式の意義のすべてを隠さんと試みているようでもあった。なぜもっと明快に説明しなかったのだろう。なぜ〔プライスは〕すべてを自分で発表することをしなかったのだろうか[★12]」

それは大いなる疑問だった。

ハミルトンが受けた印象からは、プライスが自分の発見を発展させる道をあえて放棄していたかのように受け取れなくもない。

物事を悲観的にとらえる傾向が強かったプライスは、対立を根本から解消するためには、自分も得をして相手も得をする、あるいは個人も得をし、全体の利益にもなりうるという「プラス・プラス」の関係をつくらなければならないという発想のもとで生きていた。それに対して、「悪意の生物学」は、極端に進んでいけば、「無益の殺し」や「道連れ行為」にまで行き着きかねない、まさに「マイナス・マイナス」が起こりえる世界である。その点で、彼の志向とは全く逆である。

プライスは、人生の最後の最後に、「数理遺伝学は人間の問題とあまり関連がないと感じるようになった[★13]」として、「経済学に転向したい[★14]」と漏らすようにもなった。

それも考えてみれば、彼の目指す方向からいって自然な流れであった。「例えば、個体の選択がグループの適応度を減少させるというところで論じたケースは、最近ハーディンによって『コモンの悲劇』と題する論文で議論された経済上の結果と非常に深い類似を示すのです。そして、グループに利益を与えるように振る舞う個体（一般的な意味ないしは経済的な意味で）を有利にさせるようなメカニズムの、同じ一般類型を、生物学上のシステムでも人間の経済システムでも使うことができる。経済学と遺伝学の間には、さらに多くの相似が見出されるものと考えられるのです[★15]」

共有地がある。人々が放った羊たちは草をはみ、食べて食べてついには最後の一群の草だけが残される。だが、人々はその時点で自分たちがしでかした「未来を奪う」行為の過ちを悔い改めるどころか、最後に残った草をもまた羊に食べさせてしまう。これが「コモンの悲劇」である。個にとってはプラスだが集団としてはマイナスという「プラス・マイナス」の関係が世の常であり、「コモンの悲劇」はまさにそれを象徴する現象なのである。

プライスは、その「悲劇」から社会を救わなくてはならないと考えた。自分が生物学で見出した選択の方程式を応用すれば、「コモンの悲劇」に陥らず、集団を利しながら個体も利益を得るという「プラス・プラス」に向かう道筋を示せるかもしれないと考え始めていた。だから、経済学を志したのである。

だが、もう一方で、破綻を呼び込むどうしようもできない力に、プライスはより強く引っ張られてもいた。それがこの鋭敏な学者をして、道半ばで力尽きさせる結果を招いた。個性、性分としての生まれ持ったナイーブさと、その人生のなかで煮えたぎらせることになった使命感は、同じ一人の人間が背負い込むには、あまりに重たすぎたのだ。

「彼〔プライス〕は、とてつもない悲しみと貧困のうちに、自身の精神の明晰さと生物学における洞察を信じ続けて人生を終えたが、人類の苦しみを和らげる重要な貢献は何一つしていないという感情にさいなまれてもいた。……彼の最後の計画は、経済学への転向であった。というのは、彼は経済学のなかに、人間性の諸問題への自分の分析能力をよりうまく発揮できる場を見出せると期待したからである」★16

プライスの業績をその死後に再評価した米カリフォルニア大学のスティーヴン・フランク教授はこう残念がった。

7

熱心に求めて知ったことは、結局、知恵も知識も狂気であり愚かであるにすぎないということだ。

知恵が深まれば悩みも深まり
知識が増せば痛みも増す。
わたしは顧みて
知恵を、狂気と愚かさを見極めようとした。
わたしの見たところでは
光が闇にまさるように、知恵は愚かさにまさる。
賢者の目はその頭に、愚者の歩みは闇に。

しかしわたしは知っている。
両者に同じことが起こるのだということを。
賢者も愚者も、永遠に記憶されることはない。
やがて来る日には、すべて忘れられてしまう。
賢者も愚者も等しく死ぬとは何ということか。

旧約聖書「コヘレトの言葉」のなかで「狂気であり愚かであるにすぎない」と見なされた知恵や知識。そのなかから、我々を滅ぼしかねないものがつくり出された。それをつくり出した者が、こんどは狂気ともつかないなかで、自らの命を断った。さらには、そのつくり出されたものを実戦で使い、多数の市民を巻き込んだ殺戮に手を染めたパイロットもまた、正気を失い、間断なく精神を苛まれる無間《むげん》地獄に自らを追い込んだ。

それでもなお、我々は核兵器を持ち続けている。その、我々の精神は、本当にまっとうと言えるのだろうか。無差別の戦争を常に準備しておく必要性が本当にあるのか。

いったい、どちらが正常で、どちらが狂気なのだろうか。

二十一世紀を生きる我々も、その問いを引きずっている。

注

・引用文中の（ ）は、ジョージ・プライスなど執筆者本人が記したものを表し、筆者が付け加えた部分には、〔 〕を使った。

★序

★1　ウィリアム・D・ハミルトン博士（William D. Hamilton）

一九三六年、エジプトのカイロで生まれるが、間もなく英ケント州オークリーに移る。英ケンブリッジ大学セント・ジョンズ・カレッジを卒業。ロンドン大学ユニヴァーシティ・カレッジ・ロンドンのゴールトン研究所とロンドン・スクール・オブ・エコノミクスの両方に所属し、六三年に博士号を取得。六四年から七七年までロンドン大学インペリアル・カレッジで講師を務める。八四年にオックスフォード大学動物学科教授。二〇〇〇年三月七日、アフリカで悪性マラリアに罹り六十三歳で死去。

★2　プライスの最期の部屋の様子については、*Narrow Roads of Gene Land* p.174 参照。

★3　『ダーウィン・ウォーズ』一八頁。

★4　ジョン・メイナード＝スミス博士（John Maynard Smith）

一九二〇年ロンドン生まれ。ケンブリッジ大学で工学を学び、航空機設計会社にいったん勤務したあと、ロンドン大学に入り直して、動物学を専攻。J・B・S・ホールデンから進化について学ぶ。ロンドン大学ユニヴァーシティ・カレッジ・ロンドン講師からサセックス大学生物科学部初代学部長を経て、同大名誉教授に。英国王立協会会員。著書に『進化とゲーム理論』『進化遺伝学』『生物学のすすめ』などがある。

第1部

第1章

★1　*Dark Star*, p.69.

★2　この議論の経過は『エノラ・ゲイ』では引き返す提案を行ったのも、「ポーカーに間に合わない」と言ったのも、「いったい何を見ることができるかね」と言ったのもイーザリーということになっている（四二九頁参照）。しかし、自分で引き返す提案をしておいて、ポーカーがある、何が見えるんだ、と混ぜ返すのは奇異な感じを受ける。イーザリーへのインタビューで構成されている『ダーク・スター』では、彼が自分でそれを言ったとは断定できない表現になっている（七三頁を参照）。このため、発言者の特定を避けた。

★3　*Dark Star*, p.64.

第2章

★1　*Dark Star*, p.75.

★2　*Dark Star*, pp.88-91.

★3　*Dark Star*, p.89.

★4　*Dark Star*, p.93.

★5　*Dark Star*, p.88.

★6　*Dark Star*, p.117.

第3章

★1　*Dark Star*, p.120.

第4章

★1　裁判での担当医師の証言については、*Dark Star* pp.154-161 参照。

★2　*Dark Star*, p.151.

第5章

★1　一九五九年八月二二日付けのイーザリーからギュンター・アンデルスへの手紙。『ヒロシマわが罪と罰』には、手紙10として収録されている。

★2　差し出し日付なし。『ヒロシマわが罪と罰』には、手紙34として収録されている。

★3　一九六〇年十一月十五日付けのイーザリーからアンデルスへの手紙。『ヒロシマわが罪と罰』には、手紙54として収録されている。

★4　一九六〇年七月二六日付けのイーザリーからアンデルスへの手紙。『ヒロシマわが罪と罰』には、手紙36として収録されている。

★5　『原爆投下の経緯』二六〇―二六一頁。

★6　『ヒロシマわが罪と罰』八七年版、四三頁。

★7　『アメリカの中のヒロシマ（上）』二四七頁。

★8　『アメリカはなぜ日本に原爆を投下したのか』二〇〇頁。

★9　『ヒロシマわが罪と罰』八七年版、二〇九―二一五頁。

★10 Huie, William Bradford. (1964). *The Hiroshima Pilot: The Case of Major Claude Eatherly*. G. P. Patnam's Sons, New York.

第2部

第1章

★1 『原子爆弾　その理論と歴史』三八八—三九一頁。

★2 原爆を直接の原因とする死者の総数は、広島、長崎合わせて二一万人ともされる。長崎原爆の死者数は、二〇〇〇年七月末の段階で、十二万四一九一人に達した。

★3 原題は "Fluorescence Studies of Uranium, Plutonium, Neptunium, and Americium"。

★4 『原爆はなぜ投下されたか』二六—二七頁。

★5 『原爆はなぜ投下されたか』三五頁。

★6 『日米戦争観の相剋』八八頁。ギャラップが一九四五年八月二六日に行なった世論調査の結果、日本の都市への原爆投下を肯定するものは八五%に達し、否定するものはわずか一〇%であった。また、同年九月半ばの調査では、原爆を開発したことが良かったとするものが六九%、良くないとするものが十七%であった。

★7 『日米戦争観の相剋』八五頁。

★8 『日米戦争観の相剋』九五頁。

★9 『日米戦争観の相剋』八七頁。

★10 『検閲』一六四頁。

★11 『ヒロシマはどう記録されたか』二九三—二九四頁。

★12 『科学の倫理学』八六頁に「一九四四年十一月には、ドイツの原爆計画があまり進展していないという情報も得られていた」とある。その出典である『原子爆弾の誕生』三五七頁には、「〔一九四四年十一月に得られた〕これらの文書には正確な情報がなかったというのは事実だが、ドイツのウラン計画の全体像を得るには十分以上のものがあった。……結論は明白だった。手もとの証拠は、はっきりと、ドイツは原子爆弾を持っていないし、いかなる形のものにせよ持っていそうにもないことを証明していた」と、解放された被占領地で見い出されたナチス・ドイツの書類をもとに出された当時の調査団の結論が引用されている。

★13　プライスの性格や、原爆投下をめぐる口論については、娘のアンナマリーさん、キャスリーンさんの証言などをもとにしている。

第2章

★1　プライスが、ヒューバート・ハンフリー・ミネソタ州上院議員に宛てた五七年三月七日付の手紙。

★2　原文は、American Association for the Advancement of Science。

★3　Price, George R. (1957). "Arguing the Case for Being Panicky: Scientist projects blackmail steps by which Russia could conquer us." *Life*. November 18 1957, 125-128.

★4　プライスが、ヒューバート・ハンフリー・ミネソタ州上院議員に宛てた五八年六月二十三日付の手紙。

★5　Lapp, E. Ralph. (1959). "Fallout and Home Defense." *Bulletin of the Atomic Scientists*, May 1959. ラルフ・ラップ「放射線降下物と家庭防衛」『ブリティン・オブ・ジ・アトミック・サイエンティスツ』一九五九年五月号。

★6　権謀術数主義者のこと。

★7　プライスが、ヒューバート・ハンフリー・ミネソタ州上院議員に宛てた五九年十二月八日付の手紙。

★8　原文は"Decline and Fall of America"。

★9　Harper's

★10　原文は“Can we have peace with Russia?”。
★11　Doubleday & Company
★12　Norman Vincent Peale.
★13　原文は“according to the Good Book (Freud's book, that is)”。
★14　Arthur Waskow.
★15　原文は“The Limits of Defense”。
★16　David Riesman.
★17　原文は“The Legacy of Hiroshima”。
★18　“George Price's Contributions to Evolutionary Genetics（進化遺伝学へのジョージ・プライスの寄与）” p.383.

第3章

★1　原文は“The Genetical Evolution of Social Behavior”。一九六四年に *Journal of Theoretical Biology* 7に掲載された。
★2　Charles Darwin。一八〇九年―一八八二年。
★3　*Narrow Roads of Gene Land*, p.320. ハミルトンの原文では、プライスの心理に用いた「思いやり」は“humane”、人間性や慈愛は“humanity”である。
★4　*Narrow Roads of Gene Land*, p.173.
★5　*Narrow Roads of Gene Land*, p.172 および“Death of an Altruist（ある利他主義者の死）” p.53.

第4章

★1 "Death of an Altruist" p. 53, *Narrow Roads of Gene Land*, p.173.

★2 *Narrow Roads of Gene Land*, p.173.

★3 ここでは、徳永幸彦氏が著書『絵でわかる進化論』で用いたプライスの方程式を使っている。Eは平均値（期待値）で、Δ（デルタ）は増加を表わす。同様に、wは適応度、zは形質の値である。従って、左辺は形質の期待値の増加を表わしている。これはすなわち、進化である。$C(w,z)$は適応度と形質の共分散（相関）を表わす。選択に対して、形質がどのくらい変化しているかを表わしており、ここ全体で選択（淘汰）を記述している。$E(w \cdot \Delta z)$は、形質の差が、適応度の違いに応じて伝えられる量の期待値を示す。この項全体で遺伝の効果を記述している。従って、1式は、全体で、進化＝選択＋遺伝ということを意味している。右辺第二項の遺伝の部分は、優性やエピスタシスといったさまざまな要因、不特定のエラーによる遺伝的な影響を表わしており、この項があることで、進化を完璧に数式化することが可能になる。

　プライスの方程式の基本式を、カリフォルニア大学のスティーヴン・フランク教授は"George Price's Contributions to Evolutionary Genetics"三七四頁で「$\bar{w}\Delta\bar{z} = Cov(w,z) = \beta_{wz}V_z$」と書き表している。アンドリュー・ブラウン氏も『ダーウィン・ウォーズ』の二六一頁で同じく「$\bar{w}\Delta\bar{z} = Cov(w,z) = \beta_{wz}V_z$」と書いているが、これは共分散を（$C$）でなく（$Cov$）で表わし、徳永氏の表記法で右辺の第二項を無視した形である。アルファベットの上にバーがあるフランク教授やブラウン氏の表記は、平均値（期待値）を表わし、徳永氏のEと同じことを意味している。

　なぜ第二項を無視することもできるのかをおおざっぱに説明すれば、右辺の第二項は、遺伝を表わし、個体選択に適用して精子卵子が親の遺伝子を受け継ぐか受け継がないかが完全にランダムで二分の一の場合には、集団全体では親個体間の$w \cdot \Delta z$の偏りはなくなり、$E(w \cdot \Delta z)$の大きさは0（ゼロ）と考えることができるからである。ただし、第二項が無視できるのは、遺伝の影響がない元での個体選択の場合だけである。グループ選択に適用する場合には、各個体の適応度の影響を受けて、集団全体ではグループ間の$w \cdot \Delta z$の偏りを生じるため、$E(w \cdot \Delta z)$は無視できなくなる。
1式がどのようにして導かれるかについては、徳永氏の『絵でわかる進化論』の五四頁に詳しい。
少し時間が経ったことを示す修飾記号を「'」として、z'というように書き記すとすると、基本となる式は左記のように書ける。

$\Delta E(z) = E(z') - E(z) = \sum_{i=1}^{n} p'_i \cdot z'_i - \sum_{i=1}^{n} p_i \cdot z_i$（形質の変化＝選択後の期待値－選択前の期待値。期待値の式

$E(x) = \sum_{i=1}^{n} p_i \cdot x_i$を代入している）

この式から、z'_iを書き換え、p'_iを書き換え、$p_i \cdot z_i$でまとめ、$E(w)$を外にくくり出し、両辺に$E(w)$を掛け、$E(z) = 0$であると仮定すると、右記の式が得られる。

$= \sum_{i=1}^{n} p_i (w_i - E(w))(z_i - E(z)) + \sum_{i=1}^{n} p_i \cdot w_i \Delta z$

共分散の式$C(x,y) = E(x_i - E(x)) \cdot (y_i - E(y)) = \sum_{i=1}^{n} p_i \cdot (x_i - E(x)) \cdot (y_i - E(y))$と、先の期待値の式を右記の式に適用すると、$E(w)\Delta E(z) = C(w,z) + E(w \cdot \Delta z)$のプライスの方程式が導かれる。

★4　この現象をカリフォルニア大学のスティーヴン・フランク教授は、プライスの方程式を活用したクェラー（Queller）の手法（一九九二年）で説明している。プライスの方程式そのものは、あくまでも自然淘汰を示す基本式だから、血縁淘汰を考える場合には、この式に利他行動特有の条件を入れてやる必要がある。その形質が成功を収め、子孫が繁栄する時の状況を見るわけだから、結果がプラスになる（ゼロより大きくなる）という条件をまずは与えてやらなくてはならない。

フランク教授は“George Price's Contributions to Evolutionary Genetics”三七五頁で、代入と変形を繰り返すと、次の式が導き出されるとしている。

$\beta_1+\beta_{g'g}\beta_2>0$　（3式）

3式の中のβ_1は、個体本人が犠牲となることによる損失（コスト）の値で、β_2は、その犠牲によって生じる利害を表している。

近縁度をめぐる形質（遺伝子）が成功するためには、全体がプラスにならなくてはならない。マイナスということはその形質が適応の上では失敗で、子孫を残すことができないことを意味するからである。それを最低限の条件として、3式を見ていくと、β_1は必ずマイナスの値を取るので、全体としてプラスの値になるためには、左辺の第二項（$\beta_{g'g}\beta_2$）が正の値である必要がある。

$\beta_{g'g}$とβ_2の間は掛け算になっているので、正の値を取るには、$\beta_{g'g}$とβ_2が二つとも正の値を取るか、あるいは二つとも負の値であるかの二つの状況しかない。

利害を表わすβ_2がプラス、つまり「利益」の方であり、$\beta_{g'g}$もプラスというケースと、利害を表わすβ_2がマイナス、つまり「害」の方であり、$\beta_{g'g}$もマイナスであるという状況である。$\beta_{g'g}$は、形質gと形質g'の相関係数であり、両者が近ければプラスの値、遠ければマイナスの値になる。（文中では、説明を簡便にするために、$\beta_{wg\cdot g'}$をβ_1、$\beta_{wg'\cdot g}$をβ_2と書き換えた）。

★5　2式のCは、他個体に対する利他行動によって失われる適応度の減少分を表わし、B_iは血縁関係にあるi番目の他個体が、個体Aの利他行動によって受ける利益を意味する。r_{Ai}は、i番目の他個体の血縁度と個体Aの子どもの血縁度との比を表わす。つまり、右辺第三項は、個体Aの子どもが持っている遺伝子と同一のものを他個体が持っている確率と他個体が利他行動によって受ける利益の積であり、利他行動によって引き起こされる個体A

の遺伝子の得を表わしている。

★6　フランシス・ゴールトンは、犯罪者の特定に指紋を使うというアイディアで犯罪捜査に革新をもたらし、回帰という現象を見出すなどしたが、一方で天才は家系（遺伝）によるところが大きいのではないかという考えに取り憑かれ、一八六五年に優生学を提唱するに至った。優生学は「科学」を「適応度の低い人間の出生を抑え、優れた家系の子孫を増やす」という誤った方向へ導いたため、彼は第二次大戦後、ダーウィンの進化論を誤って使った人物という評価を受けるに至った。彼は死に際してロンドン大学に四万五〇〇〇ポンドを寄付し、国立優生学研究所の設立をみたが、ほどなく研究所から「優生学」の文字は削られ、「ゴールトン研究所」と改称された。

★7　Cedric Smith.

★8　プライスがゴールトン研究室で研究者として迎えられる経過については、“Death of an Altruist” pp.53-54を参照。

★9　Richard C. Lewontin.

★10　*Narrow Roads of Gene Land*, p.176.

★11　原文は“Selection and Covariant”。

★12　『ネイチャー』の原文は「式1」となっており、その式は$\Delta Q = Cov(z, q)/\bar{z}$である。

★13　原文は“Selfish and spiteful behaviour in an evolutionary model”。

★14　“Selfish and spiteful behaviour in an evolutionary model” p.1218.

★15　“Selfish and spiteful behaviour in an evolutionary model” pp.1219-1220. ただし、ハミルトンは一九九六年に出版した*Narrow Roads of Gene Land*の一七五頁で、「悪意は、重要な進化の結果に対して、実際のところ、成功の見込みがないものと私は見なしている」と記している。

★16　*Narrow Roads of Gene Land*, p.330.

第5章

★1　原題は“Antlers, Intraspecific Combat, and Altruism”。

★2　*Journal of Theoretical Biology.*

★3　メイナード＝スミスへのインタビューをもとに、シュヴァルツは“Death of an Altruist”のなかでこう記している。「『審査をする時には、他の人の論文からアイデアを得る運命にあると私は思う』。愛想が良く、白髪のメイナード＝スミスは今日、説明する。特にハミルトンのことを尋ねられると、彼は少し、防衛的になる。『私は彼のアイディアを盗もうとはしていなかった。というより、私はそうじゃなかったと思う。だからそれは意識的ではなかった』」。また、ブラウンも、メイナード＝スミスとのインタビューをもとに、『ダーウィン・ウォーズ』のなかで「当時ビル〔ウィリアム・ハミルトン〕は、私こそ彼の考えを理解すべきだと考えていたのだが、私はまるで訳の分からない青二才を前にして、それができなかった。私には教師がなすべきこと、つまり学生の才能を見いだすことができなかった」との回顧を記している。

★4　原文は“The Logic of Animal Conflict”。

★5　“The Logic of animal conflict” p.15.

★6　Evolutionarily Stable Strategy の三つの頭文字を取っている。

★7　“Death of an Altruist” p.58.

★8　*On Evolution,* Acknowledgements.

★9　原文は“On Evolution”。

第6章

★1　*Narrow Roads of Gene Land,* p.320.

★2　*Narrow Roads of Gene Land,* pp.174-175.

★3 "Death of an Altruist" p.56.
★4 "Death of an Altruist" p.56.
★5 All Souls at Langham.
★6 *Narrow Roads of Gene Land*, p.322.
★7 "Death of an Altruist" p.56.
★8 *Narrow Roads of Gene Land*, p.319.
★9 *Narrow Roads of Gene Land*, p.320.
★10 "Death of an Altruist" p.58.
★11 "Death of an Altruist" p.58.
★12 ハミルトンは *Narrow Roads of Gene Land* の三二五頁で、「プライスがそう説明した」という形で記している。さらに、ハミルトン自身が括弧書きで「完全には正直な説明だと自分は確信している」と付け加えている。この書き方は、プライスが手首を切ったのは、自殺未遂ではなかったことをあえて強調する意図があるような気がする。
★13 『偉大なる奇跡　ルイス宗教著作集別巻1』二六頁。
★14 『偉大なる奇跡　ルイス宗教著作集別巻1』九七頁。
★15 このあたりの議論は、『偉大なる奇跡　ルイス宗教著作集別巻1』の一七七頁を参照のこと。
★16 原文は"An Encounter with Jesus"。
★17 *Narrow Roads of Gene Land*, pp.320-321.
★18 プライスから長女アンナマリーに宛てて出された一九六九年十一月十一日付けの手紙。
★19 *Narrow Roads of Gene Land*, p.320.
★20 Medical Research Council

★21 *Narrow Roads of Gene Land*, p.324.
★22 "Death of an Altruist" p.60.
★23 "Death of an Altruist" p.60.
★24 *Narrow Roads of Gene Land*, p.325.

エピローグ

★1 『ダーウィン・ウォーズ』一五―一六頁。
★2 『ダーウィン・ウォーズ』二三頁。
★3 『ダーウィン・ウォーズ』一四頁。
★4 『ダーウィン・ウォーズ』二三―二四頁。
★5 『ヒロシマわが罪と罰』八七年版、一六七―一七二頁。
★6 『ヒロシマわが罪と罰』八七年版、二七―二九頁。原文はアンデルスがイーザリーの言葉を伝えているために三人称だが、筆者（小坂）がイーザリーの告白として一人称に書き換えている。
★7 『ブラインド・ウォッチメイカー』二六頁。
★8 『利己的な遺伝子』一五頁。
★9 マンハッタン計画に携わった後、水爆の開発を可能にする理論的突破口を切り開いたことで知られる科学者スタニスワフ・ウラムは、インタビューで以下のように答えている。
質問者：科学者は罪を知ったという、ロバート・オッペンハイマー〔原爆開発にかかわった科学陣の最高責任者〕の発言ですが、彼は何を言いたかったのでしょうか？
ウラム：とても解釈が難しいところです。もちろん、みんな罪を知っています。彼がどういうつもりで言ったのか、私にはまったくわかりませんでした。というのは、理論的なコンピューター科学、微積分学といったきわめて害のない学問に取り組んでいたとしても、あとになってそれが、いいことにも悪いことにも使い得る科学の発展のために、重要で必要なものになってくるからです。あれは警戒の言葉だったのだと思います。

質問者：一九四五年にロスアラモスで行なった講演で、ロバート・オッペンハイマーはこう言いました。「原子爆弾が新しい兵器として戦争国の兵器庫に加えられるなら、いつか人類がロスアラモスや広島の名前を呪うときがくるでしょう」と。戦争中、あなた方はそうした可能性について観念的に意識されていましたか。

ウラム：いま言われたことには同意できません。なぜなら一つには、もしロスアラモスがなければ、他のどこかで……。原爆は、誰かが書いたり作ったりしなければ、他の人にはできないという類《たぐい》の、特別な発明とか芸術作品、絵画や交響曲といったものではないんです。時間的な差こそあれ、必ず登場したでしょう。もう少し時間が、数年はかかったかもしれませんがね。けれど、それは避けられないものでした。もちろん運命を呪うことはできますが、それがロスアラモスだというのは納得いきません（『ヒロシマ・ナガサキのまえに』に収録）。

一方で、第二次世界大戦でドイツが降伏した後、マンハッタン計画からただ一人離脱し、反核学者で組織するパグウォッシュ会議の代表としてノーベル平和賞を受けたジョセフ・ロートブラット博士は、ロンドンのパグウォッシュ会議事務所で筆者のインタビューに答えて、「あの日、広島で原爆が使われたことを知った一九四五年の八月六日、私はリバプールにいました。ニュースを聞いた時、私はショックにひどく打ちのめされました。完全に落ち込みました。（原爆の投下は）私の世界を全く変えてしまいました」と語った。ジョージ・プライス博士の生涯を伝えると、「プライス博士は大学の在籍者としてマンハッタン計画にリクルートされたのでしょうが、私の場合は、自分自身の意志で計画に参加しています。ここにまず大きな違いがあると申し上げなくてはなりません。私自身のことを言わせてもらえば、自殺するなどということは、これまで考えたことはありません。というより、原爆が使われ、多くの犠牲を出したことのショックを、私自身は核兵器廃絶に向けた運動の原動力にしてきました。それは今でも変わりません」と述べた。

★10　プライスの死後、人間の体の造りや機能ばかりでなく、心理的な側面をも進化の結果とみなす考えが生まれ、それは進化心理学という一領域をつくるに至った。進化心理学の基礎には、遺伝子の利己性という概念が据えられている。遺伝子は、自分のコピーを最大限に増やすことしか考えていない。それが遺伝子の「乗り物」である人間の側に葛藤を生み、極端な場合には憎しみ合いや、自分の子供を殺す、妻を殺すといった殺人行為にまで発展する。進化心理学は、決して人間の負の部分にだけ光を当てるものではないが、焦点を社会的に望ましくない行動や現象に絞れば、「悪意の生物学」の色合いを帯びてくる。つまりは、プライスの死後三〇年たって、「悪意の生物学」が、真正な科学として論じられるようになってきたともいえるのである。

負の面の現象に関しては、マーティン・デイリーとマーゴ・ウィルソンが著した『人が人を殺すとき　進化でその謎をとく』（長谷川真理子、谷川寿一訳、新思索社、一九九九年）などの本が出ており、参考になる。この本のなかで、二人は分析の基礎を、「二人の人間の間で、片方の人間の適応度の期待値を上げることが、他方の人間の期待値を下げることになるとき、両者は対立状態にあると認識するだろうと考えられる。端的にいえば、これこそが殺人の研究に対して我々が適用した進化心理学的なモデルである。……家族の結束や兄弟殺し、性的愛欲と配偶者殺し、母親の愛情と子殺し、競争、復讐、男らしさ、などなど多くの問題に対し、進化的視点が提供するすべての洞察は、暴力を引き起こす社会的、環境的予測要因に関する洞察である」と説明している。

★11　*Narrow Roads of Gene Land*, pp.173-174.

★12　*Narrow Roads of Gene Land*, p.318.

★13　“George Price’s Contributions to Evolutionary Genetics” p.383.

★14　プライスが胸に秘めていたもう一つのテーマは、さまざまな現象を分析するための「選択の一般公式化」であった。この公式が打ち立てられた時、これまで遺伝学を中心に発展してきた「選択の科学」が、心理学や化学、古生物学、考古学、さらには歴史学、政治学、経済学まで、ありとあらゆる分野に広がりを見せるはずだった。「歴史においては、我々はマケドニアやローマ〔帝国〕、そしてロシアの隆盛に政治的選択を見るし、同様に、個人起業システムにおける経済的選択は、会社と生産の、増加と衰退を引き起こしてきた」と、プライスは選択の一般公式が読み解くことになるであろう現象をこのように例示した。

しかし、選択の科学は、いまだその入口にさえもたどり着いていないというのが、プライスの認識でもあった。「シャノンの『コミュニケーションの数理的理論』が一九四八年に世に出た時、多くの科学者は、これほどまでに基礎的な科学の一分野を発展させるチャンスがいまだに残されていたことを知り、驚きを禁じ得なかったはずである。恐らく今日においても、『選択理論』に関していえば、同様の機会が存在するであろう」。「『選択の理論』は、生まれるのを待っていると言ってもいいかもしれない。コミュニケーション理論が五十年前にそうだったように。一般選択理論の発展をおしとどめてきた主たる要因は、一般的性質の明確な概念、ないし『選択』の意味の明確な概念を欠いてきたことだったのであろう」とし、一般的な選択理論を構築するためにはまず、選択の「概念」を科学として扱えるように明確に定義して、学問としての礎石を築く必要があることを説いていた。

★15 “George Price’s Contributions to Evolutionary Genetics” p.386.

★16 “George Price’s Contributions to Evolutionary Genetics” p.384.

参考文献

足立壽美著『原爆の父オッペンハイマーと水爆の父テラー　悲劇の物理学者たち』現代企画室、一九八七年
ブライアン・アップルヤード著、山下篤子訳『優生学の復活？　遺伝子中心主義の行方』毎日新聞社、一九九九年
甘利俊一他著『岩波講座応用数学4　対象8　生命・生物科学の数理』岩波書店、一九九三年
クロード・イーザリー、ギュンター・アンデルス著、篠原正瑛訳『ヒロシマわが罪と罰　原爆パイロットの苦悩の手紙』筑摩書房、一九六二年
クロード・イーザリー、ギュンター・アンデルス著、篠原正瑛訳『ヒロシマわが罪と罰』、筑摩書房、一九八七年（一九八二年ベック社版によって再編集）
池田清彦、金森修著『遺伝子改造社会　あなたはどうする』洋泉社、二〇〇一年
伊谷純一郎著『チンパンジーの原野　野生の論理を求めて』平凡社ライブラリー3、平凡社、一九九三年
巌佐庸著『数理生物学入門　生物社会のダイナミックスを探る』共立出版、一九九八年
フランス・ドゥ・ヴァール著、西田利貞他訳『利己的なサル、他人を思いやるサル　モラルはなぜ生まれたのか』草思社、一九九八年
ジョージ・C・ウィリアムズ著、長谷川眞理子訳『生物はなぜ進化するのか』サイエンス・マスターズ9、草思社、一九九八年
J・ウィルソン編、中村誠太郎、奥地幹雄訳『原爆をつくった科学者たち』同時代ライブラリー44巻、岩波書店、

一九九〇年
エドワード・O・ウィルソン著、伊藤嘉昭監訳『社会生物学』新思索社、一九九九年
エドワード・O・ウィルソン著、岸由二訳『人間の本性について』思索社、一九九〇年
エドワード・O・ウィルソン著、荒木正純訳『ナチュラリスト』(上・下)、法政大学出版局、一九九六年
イアン・ウィルマット、キース・キャンベル、コリン・タッジ著、牧野俊一訳『第二の創造　クローン羊ドリーと生命操作の時代』岩波書店、二〇〇二年
内井惣七著『科学の倫理学』現代社会の倫理を考える第六巻、丸善、二〇〇二年
NHK出版編『ヒロシマはどう記録されたか　NHKと中国新聞の原爆報道』日本放送出版協会、二〇〇三年
ジョン・エルス監督、富田晶子、富田倫生訳『ヒロシマ・ナガサキのまえに　オッペンハイマーと原子爆弾』CDブック、ボイジャー、一九九六年
岡本裕一朗著『異議あり！　生命・環境倫理学』ナカニシヤ出版、二〇〇二年
奥住喜重、工藤洋三訳『米軍資料　原爆投下の経緯　ウェンドーヴァーから広島・長崎まで』東方出版、一九九六年
ミチオ・カク著、野本陽代訳『サイエンス21』翔泳社、二〇〇〇年
粕谷英一著『行動生態学入門』東海大学出版会、一九九〇年
上岡義雄著『神になる科学者たち　21世紀科学文明の危機』日本経済新聞社、一九九九年
マイケル・P・ギグリエリ著、松浦俊輔訳『男はなぜ暴力をふるうのか　進化から見たレイプ・殺人・戦争』朝日新聞社、二〇〇二年
木元新作著『集団生物学概説』共立出版、一九九三年
スティーヴン・ジェイ・グールド著、浦本昌紀、寺田鴻訳『ダーウィン以来　進化論への招待』ハヤカワ文庫NF196、早川書房、一九九五年

ピーター・グッドチャイルド著、池澤夏樹訳『ヒロシマを壊滅させた男　オッペンハイマー』白水社、一九九五年
ジェーン・グドール著、高橋和美他訳『心の窓　チンパンジーとの三〇年』どうぶつ社、一九九四年
ジョナサン・グラバー著、加藤尚武、飯田隆訳『未来世界の倫理　遺伝子工学とブレイン・コントロール』産業図書、一九九六年
ピョートル・クロポトキン著、高杉一郎訳『ある革命家の手記』（上・下）岩波文庫、岩波書店、一九七九年
ティモシー・H・ゴールドスミス著、渡植貞一郎訳『進化から見たヒトの行動　支配するのは遺伝子か？』ブルーバックスB―1020、講談社、一九九四年
斉藤道雄著『原爆神話の五〇年　すれ違う日本とアメリカ』中公新書、中央公論社、一九九五年
酒井聡樹、高田壮則、近雅博著『生き物の進化ゲーム　進化生態学最前線　生物の不思議を解く』共立出版、一九九九年
カール・シグムンド著、冨田勝監訳、慶應義塾大学冨田研究室訳『数学でみた生命と進化　生き残りゲームの勝者たち』ブルーバックスB―1111、講談社、一九九六年
柴谷篤弘、長野敬、養老孟司編『講座進化7　生態学から見た進化』東京大学出版会、一九九二年
スティーヴ・ジョーンズ著、河田学訳『遺伝子　生　老　病　死の設計図』白揚社、一九九九年
ビル・ジョイ著「未来は人類を必要としているか？」「Mac Power」二〇〇〇年八月号―十一月号
レオ・シラード著、伏見康治、伏見諭訳『シラードの証言』みすず書房、一九八二年
アンソニー・スミス著、浅見崇比呂監修、渡辺伸也訳『生と死のゲノム、遺伝子の未来』原書房、一九九九年
杉山幸丸著『子殺しの行動学』講談社学術文庫、講談社、一九九三年
戦略問題研究会編『戦後世界軍事史』原書房、一九七〇年
フリーマン・ダイソン著、伏見康治ほか訳『核兵器と人間』みすず書房、一九八六年
ロナルド・タカキ著、山岡洋一訳『アメリカはなぜ日本に原爆を投下したのか』草思社、一九九五年

竹田義則著『ＩＢＭのすべて』日本実業出版社、一九八四年
多田富雄、山折哲雄著『人間の行方　二十世紀の一生、二十一世紀の一生』文春ネスコ、二〇〇〇年
立花隆著『サル学の現在』（上・下）文春文庫、文藝春秋、一九九六年
マーティン・デイリー、マーゴ・ウィルソン著、長谷川眞理子、長谷川寿一訳『人が人を殺すとき　進化でその謎をとく』新思索社、一九九九年
リチャード・ドーキンス著、日高敏雄、岸由二、羽田節子、垂水雄二訳『利己的な遺伝子』科学選書9、紀伊國屋書店、一九九一年
リチャード・ドーキンス著、日高敏雄、岸由二、羽田節子訳『生物＝生存機械論』紀伊國屋書店、一九八〇年（『利己的な遺伝子』と同じ *The Selfish Gene* の訳書）
リチャード・ドーキンス著、中嶋康裕他訳、日高敏隆監修『ブラインド・ウォッチメイカー　自然淘汰は偶然か？』（上・下）早川書房、一九九三年
リチャード・ドーキンス著、垂水雄二訳『遺伝子の川』サイエンス・マスターズ1、草思社、一九九五年
リチャード・ドーキンス著、福岡伸一訳『虹の解体　いかにして科学は驚異への扉を開いたか』早川書房、二〇〇一年
ダニエル・Ｐ・トーデス著、垂水雄二訳『ロシアの博物学者たち　ダーウィン進化論と相互扶助論』工作舎、一九九二年
徳永幸彦著『絵でわかる進化論』講談社サイエンティフィック、講談社、二〇〇一年
ゴードン・トマス、マックス・モーガン＝ウィッツ著、松田銑訳『エノラ・ゲイ　ドキュメント・原爆投下』ＴＢＳブリタニカ、一九八〇年
中井久夫著『徴候・記憶・外傷』みすず書房、二〇〇四年
中原英臣著『図解雑学　進化論』ナツメ社、二〇〇〇年

西島有厚著『原爆はなぜ投下されたか　日本降伏をめぐる戦略と外交』青木書店、一九七一年
西田利貞著『人間性はどこから来たか？　サル学からのアプローチ』京都大学学術出版会、一九九九年
フィリップ・ノビーレ、バートン・J・バーンスタイン著、三国隆他訳『葬られた原爆展　スミソニアンの抵抗と挫折』五月書房、一九九五年
ジョン・ハーシー著、石川欣一、谷本清、明田川融訳『ヒロシマ』法政大学出版局、一九四九年（二〇〇三年増補版）
ルース・ハッバード、イライジャ・ウォールド著、佐藤雅彦訳『遺伝子万能神話をぶっとばせ』東京書籍、二〇〇〇年
ニコラス・ハンフリー著、垂水雄二訳『喪失と獲得　進化心理学から見た心と体』紀伊國屋書店、二〇〇四年
日高敏隆著『利己としての死』叢書死の文化8、弘文堂、一九八九年
ナターリヤ・M・ピルーモヴァ著、左近毅訳『クロポトキン伝』叢書ウニベルシタス457、法政大学出版局、一九九四年
フォーリン・アフェアーズ・ジャパン編・監訳『フォーリン・アフェアーズ傑作選　1922―1999　アメリカとアジアの出会い』（上）朝日新聞社、二〇〇一年
藤永茂著『ロバート・オッペンハイマー　愚者としての科学者』朝日選書549、朝日新聞社、一九九六年
モニカ・ブラウ著、立花誠逸訳『検閲　1945―1949　禁じられた原爆報道』時事通信社、一九八八年
アンドリュー・ブラウン著、長野敬、赤松眞紀訳『ダーウィン・ウォーズ』青土社、二〇〇一年
ロバート・フランク著、山岸俊男監訳『オデッセウスの鎖　適応プログラムとしての感情』サイエンス社、一九九五年
ロバート・プロミン著、安藤寿康、大木秀一訳『遺伝と環境　人間行動遺伝学入門』培風館、一九九四年
マイケル・ベーレンバウム著、芝健介監修、石川順子、高橋宏訳『ホロコースト全史』創元社、一九九六年

メイワン・ホー著、小沢元彦訳『遺伝子を操作する　ばら色の約束が悪夢に変わるとき』三交社、二〇〇〇年
ロバート・ポラック著、中村桂子、中村友子訳『DNAとの対話　遺伝子たちが明かす人間社会の本質』ハヤカワ文庫NF238、早川書房、二〇〇〇年
水田九八二郎著『原爆を読む』講談社、一九八二年
J・メイナード＝スミス著、木村武二訳『生物学のすすめ』科学選書3、紀伊國屋書店、一九九〇年
J・メイナード＝スミス著、巌佐庸、原田祐子訳『進化遺伝学』産業図書、一九九五年
八杉龍一監修『現代生物学大系第14巻　生命の起源・進化』中山書店、一九六六年
山岸俊男著「社会的ジレンマの新しい動向」インターネット関西シーエスHPより
山崎正勝、日野川静枝編者『増補　原爆はこうして開発された』青木書店、一九九七年
山田克哉著『原子爆弾　その理論と歴史』ブルーバックスB―1128、講談社、一九九六年
油井大三郎著『日米戦争観の相剋』岩波書店、一九九五年
ロバート・ライト著、野村美紀子訳『三人の「科学者」と「神」　情報時代に「生の意味」を問う』どうぶつ社、一九九〇年
ロバート・ライト著、竹内久美子監訳、小川敏子訳『モラル・アニマル』（上・下）講談社、一九九五年
マット・リドレー著、岸由二監修、古川奈々子訳『徳の起源　他人をおもいやる遺伝子』翔泳社、二〇〇〇年
マット・リドレー著、中村桂子、斉藤隆央訳『ゲノムが語る23の物語』紀伊國屋書店、二〇〇〇年
R・J・リフトン、G・ミッチェル著、大塚隆訳『アメリカの中のヒロシマ』（上・下）岩波書店、一九九五年
マルセル・リュビー著、菅野賢治訳『ナチ強制・絶滅収容所　18施設内の生と死』筑摩書房、一九九八年
C・S・ルイス著、中村妙子訳『痛みの問題　ルイス宗教著作集3』新教出版社、一九七六年
C・S・ルイス著、山形和美編、柳生直行訳『C・S・ルイス著作集第2巻　奇跡論　一つの予備的研究』すぐ書房、一九九六年

C・S・ルイス著、本多峰子訳『偉大なる奇跡　ルイス宗教著作集別巻1』新教出版社、一九九八年
リチャード・レウォンティン著、川口啓明、菊地昌子訳『遺伝子という神話』大月書店、一九九八年
リチャード・ローズ著、神沼二真、渋谷泰一訳『原子爆弾の誕生』（上・下）紀伊國屋書店、一九九五年
ジョセフ・ロートブラット、ジャック・シュタインバーガー、バルチャンドラ・ウドガオンカー編著、小沼通二他訳『核兵器のない世界へ』かもがわ出版、一九九五年
コンラート・ローレンツ著、日高敏隆、久保和彦訳『攻撃』みすず書房、一九七〇年
コンラート・ローレンツ著、谷口茂訳『自然界と人間の運命』思索社、一九九〇年
コンラート・ローレンツ著、日高敏隆訳『ソロモンの指輪　動物行動学入門』ハヤカワ文庫ＮＦ、早川書房、一九九八年
メアリー・ワーノック著、上見幸司訳『生命操作はどこまで許されるか　人間の受精と発生学に関するワーノック・レポート』協同出版、一九九二年

Edited by Barkow, Jerome H. & Cosmides, Leda & Toody, John. (1992). *The Adapted Mind: Evolutionary Psychology and the Generation of Culture.* Oxford University Press.
Bromhall, Clive. (2003). *The Eternal Child: An Explosive New Theory of Human Origins and Behaviour.* Ebury Press.
Buchanan, Allen. Brock, Dan W. Daniels, Norman. Wilker, Daniel. (2000). *From Chance to Choice: Genetics & Justice.* Cambridge University Press.
Chagnon, N. A. (1996). "Chronic problems in understanding tribal violence and warfare." *Genetics of Criminal and Antisocial Behaviour Ciba Foundation Symposium* No.194, pp.202-232. Ciba Foundation.

Daly, M. (1996). "Evolutionary adaptationism: another biological approach to criminal and antisocial behaviour." *Genetics of Criminal and Antisocial Behaviour Ciba Foundation Symposium* No.194, pp.183-195. Ciba Foundation.

Daly, Martin & Wilson, Margo. (1998). *The Truth About Cinderella: A Darwinian View of Parental Love.* Weidenfeld & Nicolson.

Dworkin, Ronald M. (2000). *Soveign Virtue: The theory and practice of equality.* Harvard University Press.

Dugger, Ronnie. (1967). *Dark Star: Hiroshima reconsidered in the life of Claude Eatherly of Lincoln Park, Texas.* The World Publishing Company.

Frank, Steven A. (1995). "George Price's Contributions to Evolutionary Genetics." *Journal of Theoretical Biology.* 175, 373-388.

Gadagkar, R. (1993). "Can animals be spiteful?." *Trends in Ecology and Evolution* 8: 232-4.

Glover, J. (1996). "The implications for responsibility of possible genetic factors in the explanation of violence." *Genetics of Criminal and Antisocial Behaviour Ciba Foundation Symposium* No.194, pp.237-247. Ciba Foundation.

Hamilton, William D. (1970). "Selfish and spiteful behaviour in an evolutionary model." *Nature,* Lond. 228, 1218-1220.

Hamilton, William D. (1996). *Narrow Roads of Gene Land: The Collected Papers of W. D. Hamilton Volume 1 Evolution of Social Behaviour.* Oxford University Press.

Harris, John. (1993). "Is Gene Therapy a Form of Eugenics?" *Bioethics* Vol.7 No.2 & 3. Blackwell Publishers.

Edited by Harris, John & Holm, Soren. (1998). *The Future of Human Reproduction: Ethics, Choice, and*

Regulation. Clarendon Press.

Harris, Marvin & Johnson, Orna. (1995). *Cultural Anthropology.* Allyn & Bacon.

Hastie, Reid & Dawes, Robyn M. (2001). *Rational Choice in an Uncertain World: The Psychology of Judgement and Decision Making.* Sage Publications.

Keller, L. et al. (1994). "Spiteful animals still to be discovered." *Trends in Ecology and Evolution.* 9: 103

Kosaka, Yousuke. (2003). " How should we deal with harmful human behaviour caused by genes?: Is genetic intervention possible and, if so, permissible?" Green College, Oxford University. *Reuters Foundation Programme Paper.*

Lapp, Ralph E. (1959). "Fallout and Home Defense." *Bulletin of the Atomic Scientists* May 1959, pp. 187-191.

Lewontin, Richard. (1982). *Human Diversity.* Scientific American Library.

Maynard Smith, John. (1972). *On Evolution.* Edinburgh University Press.

Maynard Smith, John & Price, George. R. (1973). "The Logic of animal conflict." *Nature,* Lond. 246, 15-18.

Orbell, John & Dawes, Robyn M. (1993). " Social welfare, cooperator's advantage, and the option of not playing the game." *American Sociological Review* Vol.58. pp.787-800. Albany, New York. American Sociological Association.

Pinker, Steven. (2002). *The Blank Slate: The Modern Denial of Human Nature.* Penguin Books.

Price, George R. (1957). "Arguing the Case for Being Panicky: Scientist projects blackmail steps by which Russia could conquer us." *Life.* 18th of November 1957.

Price, George R. (1970). "Selection and covariance." *Nature,* Lond. 227, 520-521.

Price, George R. (1972). "Fisher's 'foundamental theorem' made clear." *Annual of human Genetics.* 35, 485-490.

Price, George R. (1995). "The nature of selection." *Journal of Theoretical Biology.* 175, 389-396. (written circa

1971)
Schwartz, James. (2000). "Death of an Altruist: Was the Man Who Found the Selfless Gene Too Good for this World?" *Lingua Franca.*
Silver, Lee M. (1998). *Remaking Eden: Cloning and Beyond in a Brave New World.* Weidenfeld & Nicolson.
Sober, Elliott & Wilson, David Sloan. (1998). *Unto Others: The Evolution and Psychology of Unselfish Behavior.* Harvard University Press.
Tudge, Colin. (1997). *The Time Before History: 5 Million Years of Human Impact.* Simon & Schuster.
Tudge, Colin. (2000). *In Mendel's Footnotes: An Introduction to the Science and Technologies of Genes and Genetics From the Nineteenth Century to the Twenty-Second,* Jonathan Cape.
Wrangham, Richard & Peterson, Dale. (1996). *Demonic Males: Apes and the Origins of Human Violence.* Bloomsbury.

ウェブサイト
The President's council on Bioethics in the United States.
（レオン・カスを座長とするアメリカ大統領のバイオエシックスの協議会）
www.bioethics.gov/transcripts/march03/session3.html

The report "Genetics and human behaviour: the ethical context" by Nuffield council.
（英国ナッフィールド協議会が二〇〇二年十月にまとめた遺伝学と人間行動に関わる報告書）
www.nuffieldbioethics.org/behaviouralgenetics/index.asp

あとがき

原子爆弾を開発したアメリカ人科学者のなかに、まさかこのような経歴の人物がいようとは、思いもよらなかった。原爆完成後、核戦争を恐れ、危機を回避すべくジャーナリストを志し、挫折ののちに、英国に移住。より根源にある「生き物としての攻撃性」「遺伝子の利己性」を探求しながら、志半ばにして精神に変調をきたし、なぞめいた自殺を遂げたジョージ・プライス博士がその人である。

また、「原爆の惨状を知って精神に変調をきたした原爆パイロット」として一時期、表舞台に登場したアメリカ軍人クロード・イーザリー元空軍少佐についても、使命感と破綻が錯綜するその人生のなんと悲劇的なことか、アメリカで出版された評伝を読んで、強い驚きを覚えた。

共通点を見つけようにも、二人の間には「原爆」と「精神の変調」しか見あたらない。しかし、二人の接点がその二つしかないことを見いだした時、私は逆に、こうした二人だからこそ、その生涯を描き出すことで原爆の異常なまでの破壊性が浮き彫りにできるのではないかと考え始めた。

「原爆」と「精神の変調」。この二つのキーワードで括ることができる科学者と軍人。直接、間接を問わず大量無差別破壊兵器をつくり出し、実戦で使った「殺す側」の人々が、何らかの心理的な反動、反作用を被《こうむ》らないではいられなかったのではないかという問題提起を行なったのが、本書である。言い方を変えれば、原爆の出現は、その桁外れの殺傷力と、想像を絶する被害、後遺症から、戦争にかかわる人々の心理状況まですっかり変えてしまうほどのインパクトを持たずにはいられなかったのである。

私個人の体験を一つ言えば、原爆被害の広がりを体で感じ取るために、広島の爆心地から半径二、三キロの範囲を、歩いて足で確かめてみたことがあった。本当にたった一個の爆弾の衝撃波や放射線がこんなところまで押し寄せて来たのか——。爆心地はあんなに遠いのに……。それはそれは凍りつくような体験だった。

本書を通じて、原爆開発や原爆の投下にかかわった人たちのなかに、たとえわずかな数だったとしても、苦悩や葛藤を引きずらないではいられなかった人物がいたことを伝えたかった。それができたとすれば、大量殺戮兵器が今なお当たり前のように配備されている時代がどれほど常軌を逸しているかを感じ取っていただく縁《よすが》となるのではないかと思う。

イーザリーと手紙をやり取りしたオーストリアの哲学者ギュンター・アンデルスがくしくも提起した、ナチス・ドイツのユダヤ人搬送・抹殺計画の実務担当者アドルフ・アイヒマンとクロード・イーザリーの根本的な違い。「歯車の一つだったから自分に責任はない」と逃げて回るのか、それとも一個人としての責任を直視するのか——の違いは、強大なパワーを持つに至った国家や各種の機構に何らかの形で与《くみ》することが避けられなくなりつつある我々一人ひとりに突きつけられた正義を試す刃《やいば》でもある。たとえ個人が出発点だとしても、責任を感じ取るところから、大量殺戮兵器の削減、廃絶へのうねりは始まるはずである。

もしもプライス博士らが見出した「進化的に安定な戦略（ＥＳＳ）」を、米ソ冷戦下の核戦争の危機に当てはめたとすれば、「賢明な」生き物ならばこれほどダメージの大きい対立に「全面衝突は選択しない」ということになる。だが、人類が核戦争に至らないできたのは、賢明さゆえというより、偶然と幸運が重なっただけのような気がする。全面核戦争のような愚行に走る時、人類は社会的、生物的破滅と同時に、「進化」の側面からも「退場」を言い渡されるであろう。

原稿ができあがるまでのこの五年間を振り返ると、非常な幸運がここまで導いてくれたことに感謝しないではいられない。

プライス博士の業績を再評価したアメリカ・カリフォルニア大学のスティーヴン・フランク教授、プライス博士についてジャーナリストの立場で資料を集めていたジェームズ・シュヴァルツ氏を通じて、カリフォルニア州に暮らすプライス博士の二人の娘アンナマリーさん、キャスリーンさんを直接お訪ねする貴重な機会を得た。お二人からはプライス博士にかかわるエピソードばかりでなく、写真や手紙類のご提供もいただいた。その後、英国オックスフォード大学グリーン・カレッジにロイター財団のジャーナリストプログラムで留学することができ、オックスフォードで教鞭を取っておられた故ウィリアム・ハミルトン博士のご家族やハミルトン博士の教え子で大英図書館に勤務するジェレミー・ジョン博士のお力添えもいただけた。

プライス博士の業績を理解するに当たっては、東京大学医科学研究所の中道礼一郎氏に特にご教授をいただいた。理解不十分な点があったとすれば、それは筆者に責任がある。

遺伝学、進化論、進化心理学の分野では、オックスフォード大学で指導教官としてご教授いただいたセント・クロス・カレッジのジュリアン・サヴレスク教授をはじめ、ハミルトン博士が学んだロンドン大学・ロンドン・スクール・オブ・エコノミクスの進化心理学者オリヴァー・カレー氏、クローン羊ドリーを誕生させたイアン・ウィルモット氏、キース・キャンベル氏と親交の深いジャーナリストのコリン・タッジ氏などにご指導いただいた。

オックスフォードでの研究テーマは、ジャーナリズム論及び、生物学、遺伝学、倫理学の各分野で、人間の遺伝子改良、デザイナーベイビーの是非など未来に向けた問題を扱ったが、ジョージ・プライス博士の業績・研究と重なる部分がなかったわけではない。留学の機会を与えてくれたロイター通信社、ロイター財団、大和日英基金、オックスフォード大学並びにオックスフォード大学グリーン・カレッジには、どれだけ言葉を尽くしても足りないほど感謝している。

一方で、家族の支えなくしては、拙著の完成は望むべくもなかった。また、私の幼少時代、長崎に里帰りするたびに原爆資料館に連れて行ってくれた母の思いがなければ、もともとの問題意識は生じなかったに違いない。原爆資料館の記憶はつらく、悲しみに満ち、今なお消しがたい苦しみを心に残している。二度と核兵器が使われないことを願ってやまない。

あえてひと言、言わせてもらえば、唯一の被爆国である日本は、各国の原爆開発計画の詳細や冷戦前後の歴史、原爆の被害、核戦争・被害のシミュレーションなど広く核兵器にかかわる研究の施設やデータベース、図書館、専門家などをもっと積極的に整え、本当の意味の平和主義を世界に発信すべきではなかろうか。また、アメリカは、圧倒的な軍事力で威圧し、戦略爆撃や無差別破壊兵器に頼る安全保障の基本姿勢をそろそろ改め、理解と対話をもっと重視すべきではないだろうか。

本書の出版に当たっては、未來社の西谷能英社長と編集部の小柳暁子さんにも多大なご尽力を賜った。

さまざまな方々のご厚意なしに、本書が世に送り出されることはなかった。プライス博士がハミルトン博士と交わした手紙類などは、ハミルトン博士にかかわる膨大な資料の一部として大英図書館に保管され、目下、目録作成中である。それらの資料が自由に活用できるようになった時点で、さらに理解が進むものと期待している。

二〇〇五年七月　六十回目の広島、長崎「原爆の日」を前に

小坂洋右

Afterword

I am interested Dr. George Price, an American scientist, whose career began as a member of staff on the Manhattan Project which developed the atomic bomb in 1945. His involvement in this project changed his life drastically and he then became a journalist, campaigning to spread understanding of the folly a nuclear war at the start of the Cold War.

However, his unceasingly inquiring mind prompted him to switch careers again, and having emigrated to Britain, Dr. Price found new purpose in investigating theoretical biology, focusing on why animals avoided killing each in physical conflict. Under his biological and genetic research, he introduced statistics based on covariance and the game theory in biology for explaining evolution and animal behaviour.

Although he had pioneered new theories in biology, ultimately Price could not continue exploring the ruthless world of "selfish gene" animals. He eventually discarded his atheist beliefs and devoted himself to Christianity, donating all his money and possessions to the poor.

Sadly, Dr Price ended his life by committing suicide in 1975.

I believe that Dr. Price's life is worthy of study, since he strove to tackle the most essential problems we face in life through evolution and genetics: achieving peace in our society and our role as human beings.

I have also examined the career of Ex-major Claude Eatherly in this book. Eatherly was a pilot on the reconnaissance plane which was sent over Hiroshima to prepare for the dropping of

the first atomic bomb in 1945. According to a report written by Mr. Ronnie Dugger, who studied at Oxford University, Eatherly was later troubled by his role and called for peace and the abolition of nuclear weapons.

This book is dedicated to my mother, Katsuko Kosaka. Nagasaki is her hometown and she took me to the Nagasaki Atomic Bomb Museum every time we visited my grandparents, even I was very small.

Acknowledgments

I am grateful to Ms. Annamarie Price and Ms. Kathleen Price, daughters of Dr. George Price, for kindly providing me with details about their father's life and for allowing me to read the letters they exchanged with their father.

Dr.Steven A.Frank, a professor of University of California Irvine and James Schwarz, an American journalist, have also been very helpful and have generously provided me with valuable materials on Dr. Price.

I am also grateful to Ms. Mary Bliss, sister of Dr. William Hamilton, a theoretical biologist at Oxford, for supporting my research, and to Dr. Jeremy John, Dr. Hamilton's successor at the British Library, who helped me in my search for important documents.

My grateful thanks also to Reuters, the Reuters Foundation and the Daiwa Anglo-Japanese Foundation for giving me a precious chance to study at Green College, University of Oxford: whilst studying journalism, genetics, ethics and biology at Oxford, I

have deepened my understanding of Dr. Price's theories and thinking. Hence the completion of this book also owes much to those offering me an opportunity to study in Britain.

I am also grateful to the following:

Dr. Julian Savulescu, my Academic Adviser, Professor of St. Cross College, University of Oxford

Mr. Paddy Coulter, a programme director of the Reuters Foundation Programme at Green College

Ms. Jennifer Darnley, Programme Administrator of the Reuters Foundation Programme

Dr. Colin Tudge, science writer

Dr. Oliver Curry, an evolutionary psychologist at the London School of Economics

Professor Marie Conte-Helm, Director General of the Daiwa Anglo-Japanese Foundation

Special thanks to all the fellows of the Reuters Foundation Programme, without whose help and advice I am sure I would not have successfully incorporated all the ideas in this book.

Finally, my greatest thanks of all go to my wife, Ushio and my son, Naohiro. Their constant support and encouragement have enabled me to continue my work and it is a tribute to their support that this book is finished.

Yousuke Kosaka
Staff writer of the Hokkaido Shimbun,
a Japanese daily newspaper

July, 2005

Before the 60th memorial for Hiroshima and Nagasaki

●著者略歴

小坂洋右（こさかようすけ）
1961年札幌市生まれ。旭川市で育つ。北海道大学卒。英オックスフォード大学ロイター・ファウンデーション・プログラム修了。アイヌ民族博物館勤務などを経て、1989年から北海道新聞記者。現在、弟子屈支局長。著書に『日本人狩り——米ソ情報戦がスパイにした男たち』（新潮社刊）、『アイヌを生きる　文化を継ぐ』（大村書店刊）、『流亡——日露に追われた北千島アイヌ』（北海道新聞社刊）など。日本語訳に『アイヌ民族文献目録　欧文編』（ノルベルト・アダミ編著、サッポロ堂書店刊）、共著に『別冊宝島ＥＸ　アイヌの本』（宝島社刊）がある。北海道庁公費乱用取材班として新聞協会賞、日本ジャーナリズム会議（ＪＣＪ）奨励賞を受賞。

破壊者のトラウマ
——原爆科学者とパイロットの数奇な運命

発行——二〇〇五年八月五日　初版第一刷発行

定価——（本体一八〇〇円＋税）

著　者——小坂洋右
発行者——西谷能英
発行所——株式会社　未來社
〒112-0002東京都文京区小石川三—七—二
電話・(03) 3814-5521(代表)
http://www.miraisha.co.jp/
Email:info@miraisha.co.jp
振替〇〇一七〇—三—八七三八五
印刷・製本——萩原印刷

ISBN 4-624-41088-2 C0036
© Yousuke Kosaka 2005

（消費税別）

高橋哲哉著
証言のポリティクス
哲学と政治の交叉する所で何が真に問題となっているのか。『ショアー』論の新展開、「女性国際戦犯法廷」、NHK番組改変問題、靖国問題等二〇〇〇年以降の論考を集めた。
二二〇〇円

鵜飼哲・高橋哲哉編
『ショアー』の衝撃
ナチ絶滅収容所でのユダヤ人大虐殺の問題をインタビューという方法によって描いた映画『ショアー』の思想的意味を解読し徹底分析した思想家たちによる座談会ほかを収録。
一八〇〇円

大野英二著
ナチ親衛隊知識人の肖像
ナチスの政治的抑圧やユダヤ人殲滅に深くかかわった悪名高い組織「親衛隊」に加わったハイドリヒ、カルテンブルンナー他五人の「知識人」の詳細な評伝とナチとの関連を分析。
三五〇〇円

阪東宏著
日本のユダヤ人政策　一九三一—一九四五
〔外交史料館文書「ユダヤ人問題」から〕日本はユダヤ人迫害・絶滅に無縁なのか。厖大な外交文書群を綿密に読み解き大戦時における日本政府・軍のユダヤ人政策を検証。
四八〇〇円

ヴォルフガング・ヴィッパーマン著／増谷英樹訳者代表
ドイツ戦争責任論争
〔ドイツ「再」統一とナチズムの「過去」〕「普通のドイツ人」の戦争犯罪を問うたゴールドハーゲン論争を機に、ナチズムを免責するさまざまな議論を明快に整理、分析、批判。
一八〇〇円

マリタ・スターケン著／岩崎稔他訳
アメリカという記憶
〔ベトナム戦争、エイズ、記念碑的表象〕ベトナム戦争、エイズの流行等アメリカ社会に深刻なトラウマを残した出来事はどのように記憶され表象されたのか、精緻に分析する。
三八〇〇円

ソール・フリードランダー編／上村忠男・小沢弘明・岩崎稔訳
アウシュヴィッツと表象の限界
アウシュヴィッツに象徴されるユダヤ人虐殺の本質とは何か。歴史学における〈表象〉の問題をギンズブルグ、ホワイトらの議論を中心に展開された白熱のシンポジウムの成果。
三二〇〇円

（消費税別）

鈴木裕子著
戦争責任とジェンダー
〔「自由主義史観」と日本軍「慰安婦」問題〕「国民基金」政策に次いで登場してきた「自由主義史観」。「慰安婦」問題をめぐる90〜97年の働きを検証し、性暴力の視点から戦争責任を問う。　二二〇〇円

中国新聞社編
ヒロシマ40年
〔段原の七〇〇人・アキバ記者〕爆心地近くの段原地区で辛うじて死を免れた七〇〇人のカルテの復元を通じて被爆者の苦難の四〇年の軌跡を追う。一九八五年度新聞協会賞受賞作。　二五〇〇円

中国新聞社編
年表ヒロシマ40年の記録
一九四五年八月六日の原爆投下から一九八五年十二月三十一日までの四〇年間の記録。被害の実相、復興と援護の推移、核兵器開発、原水禁運動の四つの柱を中心に構成。　三〇〇〇円

江津萩枝著
櫻隊全滅
〔ある劇団の原爆殉難記〕広島で原爆を受けて全滅した丸山定夫以下九名の移動演劇〝櫻隊〟の悲惨な死をあらゆる資料・証言・実地踏査などを通して記録した感動的な鎮魂の書。　一八〇〇円

石田忠編著
反原爆
〔長崎被爆者の生活史〕被爆詩人の精神史・生活史を追跡しつつ社会調査の方法を論じた考察を巻頭に、十年近くにわたり被爆者との面接調査を続けて来た社会学者による記録集。　一五〇〇円

石田忠編
続反原爆
〔長崎被爆者の生活史〕正篇につづき、長崎の被爆者たちの苦難にみちた戦後史を克明に調査追跡し原爆が人間の精神と生活に刻印した爪跡を事実によって告発したグループ研究。　一五〇〇円

長岡弘芳著
原爆民衆史
原爆と小集団運動、原爆と文学、原爆と原発等、戦後のヒロシマ・ナガサキに関わる状況の意味を問いつづけることによって民衆の担ってきた反原爆思想の基点を追求する評論集。　一四〇〇円